普通高等教育机械类应用型人才及卓越工程师培养系列教材

电子与控制实验

郭安福　郭宏亮　陈林林　主　编

楚晓华　张来刚　王　翀　穆　健　副主编

电子工业出版社

Publishing House of Electronics Industry

北京·BEIJING

内容简介

本书内容包括电工电子学实验、单片机原理实验、机电一体化实验、机械工程测试技术实验、机械工程控制基础实验和机电传动控制实验 6 部分内容。电工电子学实验包括基尔霍夫定律的验证、叠加原理的验证、单相交流电路的研究、正弦交流电路相量的研究、三相交流电路电压及电流的测量、直流稳压电源、单管交流放大电路、比例运算放大器电路、门电路实验、触发器实验、二进制计数器实验、译码器驱动器显示电路实验和倒 T 形电阻网络 D/A 转换器，共 13 个实验。单片机原理实验包括 LED 灯显示实验、定时器/计数器实验、外部中断实验、数字时钟实验、交通灯实验和 4×4 矩阵键盘实验（上机仿真实验），共 6 个实验。机电一体化实验包括直流伺服电动机实验、步进电动机实验、工业机器人认知实验和工业机器人编程实验，共 4 个实验。机械工程测试技术实验包括开关式霍尔传感器、磁电式传感器和光电式传感器测量转速实验，以及应变片单臂电桥电路、半桥电路、全桥电路性能比较实验，共 2 个实验。机械工程控制基础实验包括线性系统数学模型的 MATLAB 描述、利用 MATLAB 分析系统时间响应、利用 MATLAB 分析频率响应和利用 MATLAB 分析系统的稳定性，共 4 个实验。机电传动控制实验包括直流电动机的机械特性、三相异步电动机的机械特性、三相异步电动机的正/反转控制和三相异步电动机的制动控制，共 4 个实验。

本书可作为高等院校和高职院校机械类专业电子与控制类课程实验、课程设计和毕业设计的指导教材，也可作为大学生参加电子设计竞赛等科技实践活动的培训辅导书，还可作为工程技术人员从事电子与控制设计应用开发的参考书。

图书在版编目（CIP）数据

电子与控制实验 / 郭安福等主编. —北京：电子工业出版社，2019.8
普通高等教育机械类应用型人才及卓越工程师培养规划教材
ISBN 978-7-121-36308-5

Ⅰ．①电… Ⅱ．①郭… Ⅲ．①电子控制—实验—高等学校—教材 Ⅳ．①TM1-33

中国版本图书馆 CIP 数据核字（2019）第 068281 号

责任编辑：郭穗娟

印　　刷：北京虎彩文化传播有限公司
装　　订：北京虎彩文化传播有限公司
出版发行：电子工业出版社
　　　　　北京市海淀区万寿路 173 信箱　邮编　100036
开　　本：787×1092　1/16　印张：10.5　字数：266 千字
版　　次：2019 年 8 月第 1 版
印　　次：2024 年 6 月第 4 次印刷
定　　价：49.80 元

凡所购买电子工业出版社图书有缺损问题，请向购买书店调换。若书店售缺，请与本社发行部联系，联系及邮购电话：（010）88254888，88258888。

质量投诉请发邮件至 zlts@phei.com.cn，盗版侵权举报请发邮件至 dbqq@phei.com.cn。

本书咨询联系方式：（010）88254502，guosj@phei.com.cn。

前　　言

"电工电子学""单片机原理""机电一体化""机械工程测试技术""机电传动控制"和"机械工程控制基础" 6 门课程是机械类专业中应用性很强的电子与控制类课程,实践教学环节对学好这些课程起着非常重要的作用。编者多年来从事机械类专业电子与控制课程的教学、实践指导和电子竞赛辅导培训,积累了丰富的实践教学经验,同时也深感有一本系统的关于机械类专业电子与控制课程教材的重要性。因此,编者与相关企业合作,结合教学与应用实际,综合以上 6 门课程的实践教学,编写了本书。

本书内容包括电工电子学实验、单片机原理实验、机电一体化实验、机械工程测试技术实验、机械工程控制基础实验和机电传动控制实验 6 部分内容。其中,电工电子学实验包括基尔霍夫定律的验证、叠加原理的验证、单相交流电路的研究、正弦交流电路相量的研究、三相交流电路电压及电流的测量、直流稳压电源、单管交流放大电路、比例运算放大器电路、门电路实验、触发器实验、二进制计数器实验、译码器驱动器显示电路实验和倒 T 形电阻网络 D/A 转换器,共 13 个实验。单片机原理实验包括 LED 灯显示实验、定时器/计数器实验、外部中断实验、数字时钟实验、交通灯实验和 4×4 矩阵键盘实验(上机仿真实验),共 6 个实验。机电一体化实验包括直流伺服电动机实验、步进电动机实验、工业机器人认知实验和工业机器人编程实验,共 4 个实验。机械工程测试技术实验包括开关式霍尔传感器、磁电式传感器和光电式传感器测量转速实验,以及应变片单臂电桥电路、半桥电路、全桥电路性能比较实验,共 2 个实验。机械工程控制基础实验包括线性系统数学模型的 MATLAB 描述、利用 MATLAB 分析系统时间响应、利用 MATLAB 分析频率响应和利用 MATLAB 分析系统的稳定性,共 4 个实验。机电传动控制实验包括直流电动机的机械特性、三相异步电动机的机械特性、三相异步电动机的正/反转控制和三相异步电动机的制动控制,共 4 个实验。

本书可作为高等院校和高职院校机械类专业电子与控制课程实验、课程设计和毕业设计的指导教材,也可作为大学生参加电子设计竞赛等科技实践活动的培训辅导书,还可作为工程技术人员从事电子与控制设计应用开发的参考书。

本书由聊城大学的郭安福、郭宏亮、陈林林、楚晓华、张来刚、王翀和穆健编写,杜娟和王锋波等老师也参与了部分工作,全书由郭安福统稿。在本书的编写过程中,借鉴了许多教材的宝贵经验,在此谨向这些作者表示诚挚的感谢。

由于编者水平有限,不妥之处在所难免,衷心希望广大读者批评指正。

编　者
2019 年 5 月

目 录

第 1 章　电工电子学实验

　　电工电子学实验适用于机械制造及其自动化、机械电子工程、车辆工程、汽车服务工程和交通运输等本科和专科专业，共有验证型实验 11 个，综合型实验 1 个、设计型实验 1 个。其中，机械类专业实验 16 学时，实验/理论学时之比为 16/80，包括基尔霍夫定律的验证、叠加原理的验证、单相交流电路的研究、正弦交流电路相量的研究、三相交流电路电压电流的测量、直流稳压电源、单管交流放大电路、比例运算放大器电路、门电路实验、触发器实验、二进制计数器实验、译码器驱动器显示电路实验和倒 T 形电阻网络 D/A 转换器 13 个实验项目。电工实验主要实验设备有 20 台（套），每轮实验安排学生 40 人，每组 2～3 人，电子实验主要实验设备有 20 台（套），每轮实验安排学生 40 人，每组 2 人，每轮实验需要安排实验指导教师 2 人。

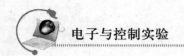

实验一 基尔霍夫定律的验证

一、实验目的

（1）验证基尔霍夫定律的正确性，加深对基尔霍夫定律的理解。

（2）掌握直流数字电压表或万用表、直流数字电流表及直流稳压电源的使用方法。

二、实验设备

（1）直流数字电压表（0～20V）或万用表。

（2）直流数字电流表。

（3）直流稳压电源（+6V，+12V，0～30V）。

（4）EEL-01 组件（或 EEL-16 组件）。

三、原理说明

基尔霍夫定律是电路的基本定律，某电路的各支路电流及各个元件两端的电压应能分别满足基尔霍夫电流定律（KCL）和基尔霍夫电压定律（KVL），即对电路中的任一节点而言，应有 $\sum I = 0$；对任一闭合回路而言，应有 $\sum U = 0$。运用上述定律时，必须注意电流的参考方向。参考方向可预先设定。

四、实验内容

实验电路如图 1-1-1 所示。

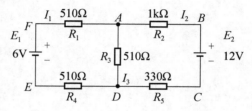

图 1-1-1

（1）实验前先任意设定 3 条支路的电流参考方向，如图 1-1-1 中的 I_1，I_2，I_3 所示，并熟悉电路结构，掌握各个开关和仪表的使用方法。

（2）分别将 E_1、E_2 两路直流稳压电源（E_1 为+6V 和+12V 的可切换电源，E_2 连接 0～30V，可调直流稳压电源）接入电路，令 E_1=6V，E_2=12V。

（3）熟悉电路接线插头的结构，将电路接线插头的两端分别连接至数字电流表的"＋、－"两极。

（4）将电路接线插头分别插入 3 条支路的 3 个电流插座中，读出并记录电流值。

（5）用直流数字电压表或万用表（直流电压挡）分别测量两路直流稳压电源及各个电阻上的电压值，并将数据记入表 1-1-1 中。

表 1-1-1

待测量	I_1/mA	I_2/mA	I_3/mA	R_1/V	R_2/V	U_{AB}/V	U_{CD}/V	U_{AD}/V	U_{DE}/V	U_{FA}/V
计算值										
测量值										
相对误差										

五、实验注意事项

（1）所有需要测量的电压值均以电压表测量的读数为准。

（2）防止电源两极短路。

六、预习思考题

（1）根据图 1-1-1 的电路参数，计算出待测的电流 I_1，I_2 和 I_3 和各个电阻上的电压值，

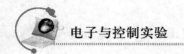

记入表 1-1-1 中，以便测量时可正确地选定直流数字电压表和直流数字电流表的量程。

（2）在实验中，若用万用表的直流电流挡测量各支路电流，在什么情况下可能出现负值？应如何处理？在记录数据时应注意什么？

七、实验报告

（1）根据实验数据，选定实验电路中的任一节点，验证 KCL 的正确性。

（2）根据实验数据，选定实验电路中的任一闭合回路，验证 KVL 的正确性。

（3）误差原因分析。

（4）总结心得体会及其他。

实验二 叠加原理的验证

一、实验目的

验证线性电路叠加原理的正确性，从而加深对线性电路叠加性和齐次性的认识和理解。

二、实验设备

（1）直流数字电压表或万用表。

（2）直流数字电流表。

（3）直流稳压电源（6V，12V，0～30V）。

（4）EEL-01 组件（或 EEL-16 组件）。

三、原理说明

电路叠加原理：在由几个独立源共同作用下的线性电路中，通过每一个元件的电流或其两端的电压，可以看成由每一个独立源单独作用在该元件上所产生的电流或电压的代数和。线性电路的齐次性是指当激励信号（某独立源的值）增加或减小 k 倍时，电路的响应（电源在电路其他各电阻元件上所产生的电流和电压值）也将增加或减小 k 倍。

四、实验步骤

实验电路如图 1-2-1 所示。

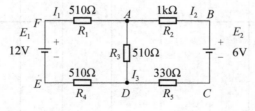

图 1-2-1

（1）E_1 为+6V、+12V 的可切换电源，选取 E_1=+12V，E_2 连接 0～30V 可调直流稳压电源，初始电压值为+6V。

（2）令 E_1 单独作用（将开关 K_1 拨到 E_1 侧，开关 K_2 拨到短路侧），用直流数字电压表和直流数字电流表（接电流插头）测量各支路电流及各电阻元件两端的电压，所测数据记入表 1-2-1。

（3）令 E_2 单独作用（将开关 K_1 拨到短路侧，开关 K_2 拨到 E_2 侧），重复实验步骤（2）的测量和记录。

（4）令 E_1 和 E_2 共同作用（开关 K_1 和开关 K_2 分别拨到 E_1 和 E_2 侧），重复上述测量步骤和记录。

（5）将 E_2 的数值调至＋12V，重复上述步骤（1）～步骤（4）的测量过程并记录数据。

表 1-2-1

测量项目 实验内容	E_1 /V	E_2 /V	I_1 /mA	I_2 /mA	I_3 /mA	U_{AB} /V	U_{CD} /V	U_{AD} /V	U_{DE} /V	U_{FA} /V
E_1 单独作用										
E_2 单独作用										
E_1 和 E_2 共同作用										
两个 E_2 共同作用										

（6）将 R_5 换成一只二极管 1N 4007（将开关 K_3 拨到二极管 VD 侧），重复步骤（1）～步骤（5）的测量过程，数据记入表 1-2-2。

表 1-2-2

测量项目 实验内容	E_1 /V	E_2 /V	I_1 /mA	I_2 /mA	I_3 /mA	U_{AB} /V	U_{CD} /V	U_{AD} /V	U_{DE} /V	U_{FA} /V
E_1 单独作用										
E_2 单独作用										
E_1 和 E_2 共同作用										
两个 E_2 共同作用										

五、实验注意事项

（1）用数字电流表测量各支路电流时，应注意仪表的极性及数据表格中"＋、－"号的记录。

（2）注意及时更换仪表量程。

六、预习思考题

（1）在验证叠加原理实验中 E_1、E_2 分别单独作用时，应如何操作？可否直接将不产生作用的电源（E_1 或 E_2）置零（短接）？

（2）在实验电路中，若把一个电阻器改为二极管，试问叠加原理的叠加性与齐次性还成立吗？为什么？

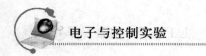

七、实验报告

（1）根据实验数据表格，进行分析、比较和归纳，总结实验结论，验证线性电路的叠加性与齐次性。

（2）各电阻器所消耗的功率能否用叠加原理计算得出？试用上述实验数据，进行计算并作出结论。

（3）通过实验步骤（6）及分析数据表格1-2-2，能得出什么样的结论？

（4）总结心得体会及其他。

实验三　单相交流电路的研究

一、实验目的

（1）学习使用交流数字仪表（交流电压表、交流电流表、交流功率表）和自耦调压器。

（2）学习使用交流数字仪表测量交流电路的电压、电流和功率。

（3）学习使用交流数字仪表测定交流电路参数的方法。

（4）加深对阻抗、阻抗角及相位差等概念的理解。

二、实验仪器与设备

（1）交流电压表、交流电流表、交流功率表。

（2）自耦调压器（输出可调的交流电压）。

（3）EEL-17 组件（含白炽灯：220V，40W，日光灯：30W，镇流器；电容器：4μF，2μF/400V）。

三、实验原理及主要知识点

（1）对正弦交流电路中各个元件的参数值，可以用交流电压表、交流电流表及交流功率表，分别测量出元件两端的电压 U、流过该元件的电流 I 和它所消耗的功率 P；然后，通过计算得到各个参数值。这种方法称为三表法，是用来测量 50Hz 交流电路参数的基本方法。计算所用的基本公式如下。

电阻元件的电阻：$R = \dfrac{U_{R}}{I}$ 或 $R = \dfrac{P}{I^2}$

电感元件的感抗：$X_{L} = \dfrac{U_{L}}{I}$，电感：$L = \dfrac{X_{L}}{2\pi f}$

电容元件的容抗：$X_{C} = \dfrac{U_{C}}{I}$，电容：$C = \dfrac{1}{2\pi f X_{C}}$

串联电路复阻抗的模：$|Z| = \dfrac{U}{I}$，阻抗角：$\phi = \operatorname{arctg} \dfrac{X}{R}$

其中，等效电阻 $R = \dfrac{P}{I^2}$，等效电抗 $X = \sqrt{|Z|^2 - R^2}$

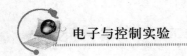

（2）功率表（又称为瓦特表）的结构、接线与使用。

电路功率用功率表测量。功率表是一种电动式仪表，具有两个电流线圈，可串联或并联，以便得到两个电流量程。功率表的电流线圈与负载串联，而电压线圈与电源并联，电流线圈和电压线圈的同名端（标*号端）必须连接在一起，如图 1-3-1 所示。本实验使用的数字式交流功率表的连接方法与电动式交流功率表相同，电压表和电流表的量程分别选450V 和 3A。

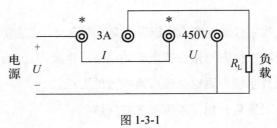

图 1-3-1

四、实验步骤

实验电路如图 1-3-2 所示，交流功率表的连接方法见图 1-3-1，交流电源经自耦调压器调压后向负载 Z 供电。

1. 测量白炽灯的电阻

图 1-3-2 电路中的 Z 是一个 220V、40W 的白炽灯，用自耦调压器调压，将电压 U 调为 220V（用交流电压表测量），测量电流和功率，并记入自拟的数据表格中。然后，将电压 U 调到 110V，重复上述实验步骤。

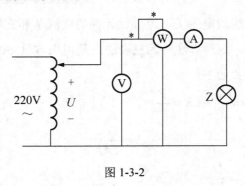

图 1-3-2

2. 测量电容器的容抗

将图 1-3-2 电路中的 Z 换成 4μF 的电容器（改接电路时必须断开交流电源），将电压 U 调到 220V，测量电压、电流和功率，记入自拟的数据表格中。然后，将电容器换成电容值为 2μF 的，重复上述实验步骤。

3. 测量镇流器的参数

将图 1-3-2 电路中的 Z 换成镇流器，将电压 U 分别调到 180V 和 90V，测量电压、电流和功率，记入自拟的数据表格中。

4. 测量日光灯电路

日光灯电路如图 1-3-3 所示，用该电路取代图 1-3-2 电路中的 Z，将电压 U 调到 220V，测量日光灯管两端电压 U_R、镇流器电压 U_{RL}、总电压 U、电流和功率，并记入自拟的数据表格中。

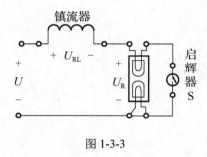

图 1-3-3

五、实验结果与分析（略）

六、实验思考题及实验报告要求

1. 实验思考题

（1）自拟实验所需的全部数据表格。

（2）在 50Hz 的交流电路中，已测得一只铁芯线圈的 P、I 和 U，如何计算它的电阻值和电感量？

（3）参阅课外资料，了解日光灯的电路连接方法和工作原理。

（4）当日光灯上缺少启辉器时，人们常用一根导线将启辉器插座的两端短接；然后，迅速断开，使日光灯点亮，或者用一个启辉器去点亮多只同类型的日光灯，其中原理是什么？

（5）了解交流功率表的连接方法。

（6）了解自耦调压器的操作方法。

2. 实验报告要求

（1）根据实验步骤 1 的数据，计算白炽灯在不同电压下的电阻值。

（2）根据实验步骤 2 的数据，计算电容器的容抗和电容值。

（3）根据实验步骤 3 的数据，计算镇流器的参数（电阻 R 和电感 L）。

（4）根据实验步骤 4 的数据，计算日光灯的电阻值，画出各个电压和电流的相量图，说明各个电压之间的关系。

实验四　正弦交流电路相量的研究

一、实验目的

（1）研究正弦交流电路中电压、电流相量之间的关系。

（2）掌握 RC 串联电路的相量。

（3）掌握日光灯电路的接线方法。

（4）理解改善电路功率因数的意义并掌握其方法。

二、原理说明

（1）在单相正弦交流电路中，用交流电流表测得各支路中的电流值，用交流电压表测得回路各元件两端的电压值，它们之间的关系满足相量形式的基尔霍夫定律，即 $\sum I = 0$ 和 $\sum U = 0$。

（2）如图 1-4-1 所示的 RC 串联电路，在正弦稳态信号 U 的激励下，U_R 与 U_C 保持着 $90°$ 的相位差，即当 R 值改变时，U_R 的相量轨迹是一个半圆，U, U_C 与 U_R 三者形成一个直角三角形。当 R 值改变时，ϕ 角的大小也可改变，从而达到移相的目的。

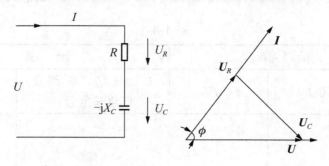

图 1-4-1

（3）日光灯电路如图 1-4-2 所示，图中 A 是日光灯管，L 是镇流器，S 是启辉器，C_1、C_2 和 C_3 是补偿电容器，用以改善电路的功率因数（$\cos\phi$ 值）。有关日光灯的工作原理请自行查阅有关资料。

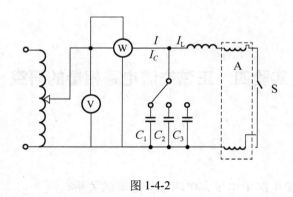

图 1-4-2

三、实验设备

（1）交流电压表、交流电流表、交流功率表、功率因素表。

（2）三相调压器。

（3）EEL-04 组件，功率为 30W 的镇流器，400V/4μF 电容器，电流插头（或 EEL-17）。

（4）功率为 30W 的日光灯。

（5）EEL-05 组件，40W/220V 白炽灯（或 EEL-17）。

四、实验内容

（1）用两只 220V/40W 的白炽灯和 30W 的日光灯电容器组成如图 1-4-1 所示的实验电路，按下闭合按钮，调节三相调压器的量程至 220V，验证电压三角形关系。

表 1-4-1

测　量　值			计　算　值		
U/V	U_R/V	U_C/V	U'（与 U_R、U_C 组成直角三角形）	ΔU	$\Delta U/U$

（2）日光灯线路接线与测量。按图 1-4-2 组成线路，经实验指导教师检查后按下闭合按钮开关，调节自耦调压器的输出，使其输出电压缓慢增大，直到日光灯刚启辉点亮为止，记下 3 个仪表的指示值。然后，将电压调至 220V，测量功率 P、电流 I 和电压 U、U_L、U_A 等值，验证电压和电流的相量关系。

表 1-4-2

	测 量 数 值					计 算 值	
	P/W	I/A	U/V	U_L/V	U_A/V	$\cos\phi$	r/Ω
启 辉 值							
正常工作值							

（3）并联电路——电路功率因数的改善。

按图 1-4-3 组成实验电路。

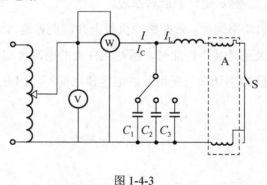

图 1-4-3

经实验指导教师检查后，按下绿色按钮，调节自耦调压器的输出，把电压调至 220V，记录功率表和电压表的读数。用电流分别测量 I、I_C 和 I_L 3 条支路的电流，然后，改变电容值，进行 3 次重复测量。

表 1-4-3

电容值 /μF	测 量 数 值				计 算 值	
	P/W	U/V	I/A	I_C/A	I'/A	$\cos\phi$

五、实验注意事项

（1）交流功率表要正确接入电路，读数时要注意量程与实际读数的折算关系。

（2）电路接线正确，但日光灯不能启辉时，应检查启辉器及其接触是否良好。

六、预习思考题

（1）参阅课外资料，了解日光灯的启辉原理。

（2）为了提高电路的功率因数，常在感性负载上并联电容器。增加了一条电流支路后，试问电路的总电流是增大还是减小？此时，感性元件上的电流和功率是否改变？

（3）提高线路功率因数为什么只采用并联电容器法而不用串联法？所并联的电容器的电容值是否越大越好？

七、实验报告

（1）完成数据表格中的计算，进行必要的误差分析。

（2）根据实验数据，分别绘制电压、电流相量图，验证相量形式的基尔霍夫定律。

（3）讨论改善电路功率因数的意义和方法。

（4）总结连接日光灯线路的心得体会及其他。

实验五　三相交流电路电压及电流的测量

一、实验目的

（1）掌握三相负载的星形连接和三角形连接的方法，验证这两种接法的线、相电压之间，以及线、相电流之间的关系。

（2）理解三相四线供电系统中线的作用。

二、实验原理说明

（1）三相负载可连接成星形（又称为丫形）或三角形（又称为△形）。当三相对称负载为丫形连接时，线电压 U_L 是相电压 U_P 的 $\sqrt{3}$ 倍，线电流 I_L 等于相电流 I_P，即

$$U_L = \sqrt{3}U_P, \quad I_L = I_P$$

因为流过中线的电流 $I_O = 0$，所以可以省去中线。

当对称三相负载为△形连接时，有 $I_L = \sqrt{3}I_P$，$U_L = U_P$

（2）不对称三相负载为丫形连接时，必须采用三相四线制接法，即丫$_0$接法。而且中线必须牢固连接，以保证三相不对称负载的每相电压维持对称不变。

倘若中线断开，会导致三相负载电压的不对称，致使负载小的相电压过高，使负载遭受损坏；负载大的相电压又过低，使负载不能正常工作。因此，尤其是对于三相照明负载，一律无条件地采用丫$_0$接法。

（3）当不对称负载为△形连接时，$I_L \neq \sqrt{3}I_P$，但只要电源的线电压 U_L 对称，加在三相负载上的电压仍是对称的，对各相负载工作没有影响。

三、实验设备

（1）交流电压表和交流电流表。

（2）万用表。

（3）三相交流调压器。

（4）EEL-05 组件（或 EEL-17）的三相电路、220V/40W 白炽灯 10 只。

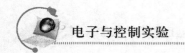
四、实验内容及步骤

1. 三相负载星形连接（三相四线制供电）

按图 1-5-1 所示的线路连接实验电路，即三相灯组负载经三相交流调压器接通三相对称电源，并将三相交流调压器的旋钮置于三相电压输出为 0V 的位置（逆时针旋到底的位置）。经实验指导教师检查合格后，方可闭合三相电源开关；然后，调节调压器的输出，使输出的三相线电压为 220V，并按以下的步骤完成各项实验，分别测量三相负载的线电压、相电压、线电流、相电流、中线电流、电源与负载中点间的电压，将所测得的数据记入表 1-5-1 中，并观察各相灯组亮暗的变化程度，特别要注意观察中线的作用。

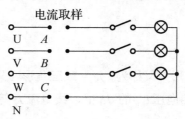

图 1-5-1

表 1-5-1　三相负载丫形连接的各项实验数据

测量数据 实验内容 （负载情况）	开灯组数			线电流/A			线电压/V			相电压/V			中性 电流 I_O/A	中点 电压 U_{NO}/V
	A相	B相	C相	I_A	I_B	I_C	U_{AB}	U_{BC}	U_{CA}	U_{AD}	U_{BD}	U_{CD}		
丫₀形连接平衡负载	1	1	1											
丫形连接平衡负载	1	1	1											
丫₀形连接不平衡 负载	1	2	1											
丫形连接不平衡 负载	1	2	1											
丫₀形连接，B 相断开	1	0	1											
丫形连接，B 相断开	1	0	1											
丫形连接，B 相短路	1		3											

2. 负载三角形连接（三相三线制供电）

按图 1-5-2 改接线路，经实验指导教师检查合格后接通三相电源，并调节调压器，使其输出线电压为 220V，并按数据表 1-5-2 的内容进行测试。

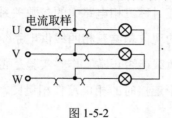

图 1-5-2

表 1-5-2　负载△形连接实验数据表格

测量数据 负载情况	开灯组数			线电压/V			线电流/A			相电流/A		
	A-B相	B-C相	C-A相	U_{AB}	U_{BC}	U_{CA}	I_A	I_B	I_C	I_{AB}	I_{BC}	I_{CA}
三相平衡	3	3	3									
三相不平衡	1	2	3									

五、实验注意事项

（1）每次接线完毕，同组同学应先自查一遍，然后由实验指导教师检查后，方可接通电源，必须严格遵守"先接线，后通电；先断电，后拆线"的实验操作原则。

（2）选择星形负载做短路实验时，必须首先断开中线，以免发生短路事故。

六、预习思考题

（1）三相负载根据什么条件选择星形或三角形连接？

（2）复习三相交流电路有关内容，试分析三相星形连接不对称负载在无中线的情况下，

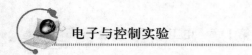
当某相负载开路或短路时会出现什么情况。如果连接上中线，情况又如何？

七、实验报告

（1）用实验测得的数据验证对称三相电路中的参数关系。

（2）用实验数据和观察到的现象总结三相四线供电系统中中线的作用。

（3）不对称三角形连接的负载能否正常工作？实验是否能证明这一点？

（4）根据不对称负载三角形连接时的相电流作相量图，并求出线电流，然后与实验测得的线电流进行比较并分析。

（5）总结心得体会及其他。

实验六 直流稳压电源

一、实验目的

（1）研究单相桥式整流电路和电容滤波电路的特性。

（2）研究集成稳压器的特点和性能指标的测试方法。

二、实验原理

电子设备一般都需要直流电源供电。除了少数电子设备直接利用干电池和直流发电机，大多数电子设备采用能把交流电（市电）转变为直流电的直流稳压电源。直流稳压电源的工作原理如图 1-6-1 所示。

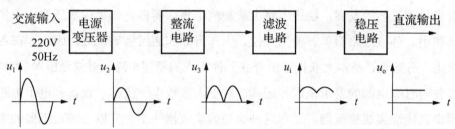

图 1-6-1 直流稳压电源工作原理

直流稳压电源由电源变压器、整流电路、滤波电路和稳压电路组成，电网供给的交流电压 u_1（220V,50Hz）经电源变压器降压后，得到符合电路需要的交流电压 u_2，然后由整流电路变换成方向不变、大小随时间变化的脉动电压 u_3，最后通过滤波电路滤去其交流分量，就得到了波形比较平直的直流电压 u_i。但这样的直流输出电压还会随交流电网电压的波动或负载的变动而变化。在对直流供电要求较高的场合，还需要使用稳压电路，以保证输出直流电压更加稳定。

图 1-6-2 是由分立元件组成的串联型稳压电源电路。其整流部分为单相桥式整流电路和电容滤波电路。稳压部分为串联型稳压电路，它由调整元件（晶体管 VT_1）、比较放大器 V（T_2，R_7）、取样电路（R_1、R_2、R_W）、基准电压（D_W、R_3）和过流保护电路 VT_3 管及电阻（R_4、R_5、R_6）等组成。整个稳压电路是一个具有电压串联负反馈的闭环系统，其稳压

过程如下：当电网电压波动或负载变动引起输出直流电压发生变化时，取样电路选取输出电压的一部分信号输入比较放大器，并与基准电压进行比较；产生的误差信号经 VT_2 放大后送至调整管 VT_1 的基极，使调整管改变其管压降，以补偿输出电压的变化，从而达到稳定输出电压的目的。

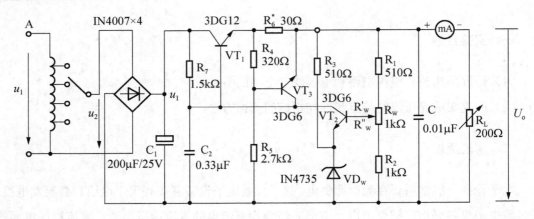

图 1-6-2　串联型稳压电源电路

随着半导体工艺的发展，稳压电路也被制成了集成器件，如集成稳压器由于集成稳压器具有体积小、外接线路简单、使用方便、工作可靠和通用性等优点，因此，在各种电子设备中应用十分普遍，基本上取代了由分立元件构成的稳压电路。集成稳压器的种类很多，应根据设备对直流电源的要求来进行选择。对于大多数电子仪器、设备和电子电路来说，通常选用串联线性集成稳压器。而在这种类型的集成器件中，又以三端稳压器的应用最为广泛。

W7800/W7900 系列三端集成稳压器的输出电压是固定的，在使用中不能进行调整。W7800 系列三端稳压器输出正极性电压，一般有 5V，6V，9V，12V，15V，18V，24V 七个挡位，输出电流最大可达 1.5A（加散热片）。 同类型 78M 系列集成稳压器的输出电流为 0.5A，78L 系列集成稳压器的输出电流为 0.1A。若要求负极性输出电压，则可选用 W7900 系列三端集成稳压器。

图 1-6-3 为 W7800 系列三端集成稳压器的外形和接线，它有以下 3 个引出端。

（1）输入端（不稳定电压输入端）：标号为"1"。

（2）输出端（稳定电压输出端）：标号为"3"。

（3）公共端：标号为"2"。

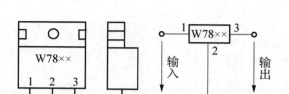

图 1-6-3　W7800 系列三端集成稳压器的外形及接线

除固定式三端集成稳压器外，还有可调三端集成稳压器，后者可通过外接元件对输出电压进行调整，以适应不同的需要。

本实验所用集成稳压器为固定式三端正极性集成稳压器 W7812，它的主要参数如下：输出直流电压 $U_o = +12\text{V}$，输出电流 L：0.1A，M：0.5A，电压调整率为 10mV/V，输出电阻 $R_o = 0.15\Omega$，输入电压 U_i 的范围 15～17V。因为一般 U_i 要比 U_o 大 3～5V，才能保证集成稳压器工作在线性区。

图 1-6-4 是用三端集成稳压器 W7812 构成的单电源电压输出串联型稳压电源的实验电路。其中，整流部分采用了由四个二极管组成的桥式整流器（又称为桥堆），型号为 2W06（或 KBP306），滤波电容 C_1 和 C_2 的值一般为几百至几千微法。当集成稳压器距离整流滤波电路比较远时，在输入端必须接入电容器 C_3（数值为 0.33μF），以抵消电路的电感效应，防止产生自激振荡。输出端连接电容 C_4（数值为 0.1μF）用于滤除输出端的高频信号，改善电路的暂态响应。

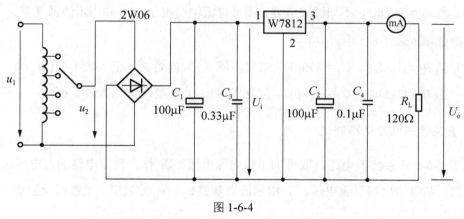

图 1-6-4

三、实验设备与器件

（1）可调工频电源。

（2）双踪示波器。

（3）交流电压表。

（4）直流电压表。

（5）直流电流表。

（6）三端集成稳压器 W7812，W7815，W7915。

（7）电阻器、电容器若干。

四、实验内容

1. 整流滤波电路测试

按图 1-6-5 连接实验电路——整流滤波电路。取可调工频电源电压 16V，作为整流电路的输入电压 u_2。

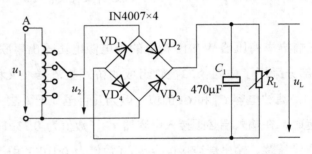

图 1-6-5

（1）当 $R_L = 1k\Omega$ 时，不加滤波电容，测量直流输出电压 u_L，并用示波器观察 u_2 和 u_L 波形，将数值填入表 1-6-1 中。

（2）当 $R_L = 1k\Omega$ 时，$C_1 = 470\mu F$，重复步骤（1）的要求，记入表 1-6-1。

（3）当 $R_L = 2k\Omega$ 时，$C_1 = 470\mu F$，重复步骤（1）的要求，记入表 1-6-1。

2. 直流稳压电源电路测试

按图 1-6-6 连接实验电路，取可调工频电源电压 14V 作为整流电路输入电压 u_2。接通工频电源，测量输出端直流电压 u_L，用示波器观察 u_2，u_L 的波形，把数据及波形记入自拟的表格中。

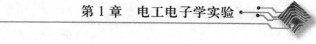

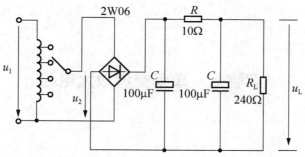

图 1-6-6　整流滤波电路

表 1-6-1

电路形式	u_L /V	u_2 /V	u_L 波形
$R_L = 1\text{k}\Omega$			
$R_L = 1\text{k}\Omega$ $C = 470\mu\text{F}$			
$R_L = 2\text{k}\Omega$ $C = 470\mu\text{F}$			

3. 注意事项

（1）每次改接电路时，必须切断工频电源。

（2）在观察输出电压 u_L 波形的过程中，在调整好"Y 轴灵敏度"旋钮位置后，不要再变动；否则，将无法比较各波形的脉动情况。

五、实验总结

（1）整理实验数据。

（2）分析讨论实验中发生的现象和问题。

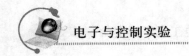

实验七 单管交流放大电路

一、实验目的

（1）测定电路参数的变化对放大电路静态工作点（Q）、电压放大倍数（A）及输出波形的影响。

（2）掌握用数字万用表测定三极管好坏及辨别其电极的方法。

（3）练习数字万用表、示波器、信号发生器和直流稳压电源的正确使用方法。

二、实验仪器与设备

（1）SXJ-3B 型模拟电路试验箱。

（2）数字万用表。

（3）示波器。

三、实验原理

实验原理如图 1-7-1 所示。

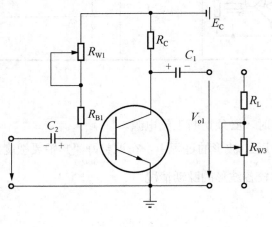

图 1-7-1

电路参数如下：

电路供电电源 $E_C = 12W$ ；基极可调偏置电阻 $R_{W1} = 1M\Omega$ ，基极固定集团电阻 $R_{B1} = 100k\Omega$ ，基极总偏置电阻 $R_B = R_{W1} + R_{B1}$ ；集电极电阻 $R_{C1} = 2k\Omega$ 。

固定负载电阻 $R_L = 510\Omega$ ，可变负载电阻 $R_{W3} = 2 ～ 2k\Omega$ ，负载总电阻 $R_L' = R_L + R_{W3}$ ；输入/输出耦合电容 $C_1 = C_2\ 10\mu F/15V$ 。

三极管 VT1 为 3DG 型管，电流放大系数 $\beta = 30 \sim 50$ 。

四、实验内容及步骤

用导线将实验箱的+12V 直流电源的两个输出端分别接入模拟电路学习机面板上的"单级与两级交流放大"单元电路的+12V 接线端和接地端（注意：实验箱的实验连线一定要轻插轻拔，尤其是拔起时要边转动边拔起，不要用力过猛），将 R_{B1} 下端插口相连，检查无误后接通电源。

观察 R_B 对放大电路的静态工作点 Q 、电压放大倍数 A 及输出波形的影响。

1. 测量计算 R_B 对放大电路的静态工作点 Q 的影响

将交流输入端对地短路，输出端不连接负载，调节 R_{W1} 到某一合适数值，使 $U_{CE} = 4 \sim 6V$ ，测量静态工作点，即分别测出晶体三极管各点对地电压 V_C 、 V_B 、 V_E 的值，然后按下列步骤计算静态工作点。

（1）计算基极静态电流 I_B 。

断开电源及 R_B 与晶体三极管基极的连线，用万用表测出 R_B （ $= R_{W1} + R_{B1}$ ）的值，按下面公式计算基极静态电流 I_B 的值

$$I_B = \frac{E_C - V_B}{R_B}$$

（2）计算基极静态电流 I_C 。

$$I_C = \frac{E_C - U_{CE}}{R_{C1}}$$

（3）计算晶体三极管电流放大系数。

$$\beta = \frac{I_C}{I_B}$$

（4）计算三极管的管压降。

$$U_{CE} = V_C$$

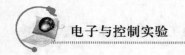

（5）测量晶体三极管的发射结压降。

$$U_{BE} \approx 0.7V$$

（6）调整晶体三极管的基极可调偏置电阻 R_{W1}，观察以上参数的变化情况，并填入表 1-7-1，分析变化的原因。

表 1-7-1

参数 步骤	V_B	V_C	V_E	U_{BE}	U_{CE}	β	R_B
调节 R_{W1} 使 $U_{CE}=4\sim6V$							
调节 R_{W1} 使 V_C 发生变化							

注：测量 R_B 阻值时，务必断开电源。同时还应断开 R_{B1} 与 VT1 基极的连线。

2. 估算并实测放大电路的电压放大倍数 A

（1）调节 R_{W1} 使 $U_{CE}=4\sim6V$，去掉晶体三管 VT1 基极的对地连线。

（2）将信号发生器的频率调到 $f=1kHz$、输出信号幅度为 5mV（以毫伏表测量的有效值为准）。随后接入单级放大电路的输入端，即 $U_{i1}=5mV$。

（3）用示波器观察输出端信号 U_{o1} 的波形，若无失真（若有失真，则调整 R_{W1} 直到使输出端信号 U_{o1} 的波形正常为止），测量输出电压 V_{o1} 的值。

（4）计算电压放大倍数。

$$A_V = -\frac{V_{o1}}{V_{i1}}$$

（5）估算电压放大倍数，估算值按下式计算：

$$A_V = -\frac{\beta R_{C1}}{\gamma_{BE}}$$

其中，$\gamma_{BE} = 300 + (1+\beta)\frac{26}{I_E}$ $I_E \approx I_C = \frac{V_E - V_C}{R_{C1}}$

将以上相关参数填入表 1-7-2。

表 1-7-2

步骤 \ 参数	U_{i1}	U_{o1}	γ_{BE}	β	R_{C1}	实测 A_V	估算 A_V
调整 R_{W1} 使 $U_{CE}=4\sim6V$							

3. 观察 R_B 对放大电路的静态工作点 Q、电压放大倍数 A_V 及输出波形的影响

（1）放大电路的输入端仍接入 $f=1kHz$、幅度为 5V 的输入信号。逐渐减小 R_{W1}，观察输出波形的变化。当 R_{W1} 为最小时（ $R_{W1}=0$ ），输出波形如何？测量此时的静态工作点。

（2）逐渐增大 R_{W1}，观察输出波形的变化。当 R_{W1} 为最大时（ $R_{W1}=1M\Omega$ ），输出波形如何？测量此时的静态工作点。

4. 观察 R_{C1} 对放大电路静态工作点、电压放大倍数及输出波形的影响

（1）调节 R_{W1} 使 $U_{CE}=4\sim6V$。

（2）放大电路的输入端仍接入频率为 $f=1kHz$、幅度为 5mV 的输入信号。

（3）改变 R_{C1}，使其值为 5kΩ（对模拟电路学习机 $R''=5k\Omega$ ），观察输出波形，测量 u_{o1}，计算 A_V，并与 $R_{C1}=2k\Omega$ 时测得的结果相比，将结果填入表 1-7-3。

表 1-7-3

步骤 \ 参数	U_{i1}	U_{o1}	A_V
$R_C=2k\Omega$	5mV		
$R_C=5k\Omega$	5mV		

5. 观察 R_L 对放大电路静态工作点、电压放大倍数及输出波形的影响。

（1）R_B 同上（ R_{W1} 不变），$R_{C1}=2k\Omega$，接入 R_L（2.7kΩ左右）。

（2）放大电路的输入端仍接入频率为 $f=1kHz$、幅度为 5mV 的输入信号。

（3）观察输出波形，先测量 U_{i1} 和 U_{o1}，再计算 A_V，并与空载时的结果相比较。

（4）测量静态工作点，并填入表 1-7-4。

表 1-7-4

参数 步骤	U_{i1}	U_{o1}	A_V
$R_L = \infty$时（空载）	5mV		
$R_L = 2.7k\Omega$时	5mV		

五、报告要求

（1）调整数据并列出表格。

（2）总结 R_B、R_{C1} 和 R_L 变化以后对静态工作点、放大倍数及输出波形的影响。

（3）将电压放大倍数的估算值与实测值进行比较并讨论。

（4）为了提高放大倍数 A_V 应采取哪些措施？

（5）分析输出小型失真的原因，并提出解决办法。

六、预习要求及思考题

（1）预习共射极基本放大电路的工作原理及电路各元件的作用。

（2）如何测量 R_B 的数值？不断开与其极的连接线行吗？为什么？

（3）如何利用测出的静态工作点来估算半导体三极管的电流放大系数 β 值？

（4）分析图 1-7-2 中的 3 种波形是什么类型的失真？是什么原因造成的？如何解决？

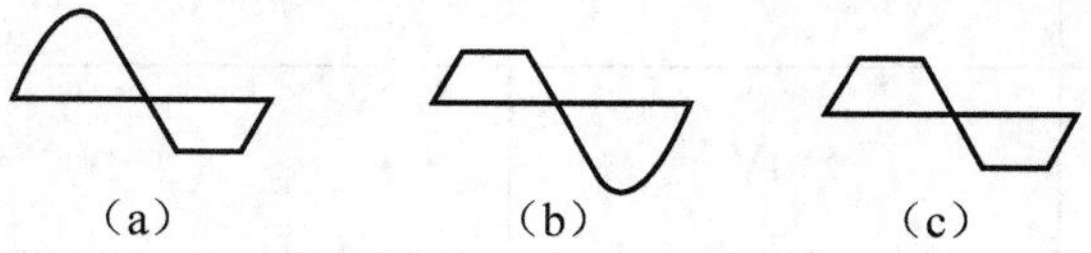

　（a）　　　　　（b）　　　　　（c）

图 1-7-2

实验八 比例运算放大器电路

一、实验目的

（1）了解运算放大器电路原理。

（2）验证运算放大电路输入与输出之间的关系。

二、实验仪器与设备

（1）SXJ-3B 型模拟电路试验箱。

（2）数字万用表。

（3）示波器。

三、实验原理及主要知识点

用运算放大器等元件构成反相比例放大器、同相比例放大器、电压跟随器、反相加法运算电路及同相加法运算电路，通过实验测试和分析，进一步掌握它们的主要特点、性能，以及输出电压与输入电压的函数关系。

对每个比例和加法运算放大器电路实验，都应先进行以下两项工作：

（1）按电路图连接好线后，仔细检查，确保接线正确无误。将各输入端接地，接通电源，用示波器观察是否出现自激振荡。若出现自激振荡，则需要更换集成运放电路。

（2）调零：各输入端仍然接地，调节调零电位器，使输出电压为零（用数字电压表 200mV 挡测量，输出电压绝对值不超过 0.5mV）。

四、实验内容及步骤

1. 反相比例放大器

反相比例放大器电路如图 1-8-1 所示。

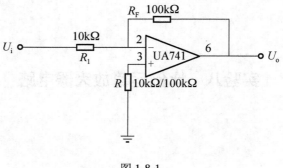

图 1-8-1

1）预习要求

（1）分析图 1-8-1 反相比例放大器电路的主要特点（包括反馈类型），求出表 1-8-1 中的理论估计值（可参阅集成运算放大器 UA741 的参数），并粗略估算输入电阻和输出电阻。

（2）熟悉实验任务及步骤，并做好实验记录准备工作。

2）实验任务

仍将反相比例放大器的输入端连接直流（DC）信号源的输出端，把 DC 信号源的转换开关置于合适位置，调节电位器，使 U_i 分别为表 1-8-1 中所列各值，分别测出 U_o 的值，填在该表中。

表 1-8-1

直流输入电压 U_i/mV		30	100	300	1000
输出电压 U_o	理论估算值/mV				
	实测值/mV				
	误　差				

2. 同相比例放大器实验电路

同相比例放大器电路如图 1-8-2 所示。

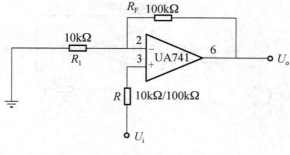

图 1-8-2

1）预习要求

（1）分析图 1-8-2 所示同相比例放大器电路的主要特点（包括反馈类型），求出表 1-8-2 中各理论估算值，并定性说明输入电阻和输出电阻的大小。

（2）熟悉实验任务，自拟实验步骤，并做好实验记录准备工作。

2）实验任务

分别测出表 1-8-2 中所列各值，并根据实测值估算输入电阻和输出电阻。

表 1-8-2

直流输入电压 V_i /mV		30	100	300	1000
输出电压 V_o	理论估算值/mV				
	实测值/mV				
	误　差				

3. 电压跟随器

电压跟随器实验电路如图 1-8-3 所示。

1）预习要求

（1）分析图 1-8-3 电路的特点，求出表 1-8-3 中各理论估算值。

（2）熟悉实验任务，自拟实验步骤，并做好实验记录准备工作。

2）实验任务

分别测出表 1-8-3 中所列各条件下的 V_o 值。

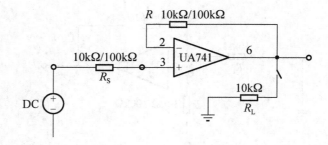

图 1-8-3

表 1-8-3

V_i/mV	30.0	100	300			1000		
测试条件	$R_S=10\mathrm{k}\Omega$ $R_F=10\mathrm{k}\Omega$ R_L开路	同左	同左	$R_S=100\mathrm{k}\Omega$ $R_F=100\mathrm{k}\Omega$ R_L开路	$R_S=100\mathrm{k}\Omega$ $R_F=100\mathrm{k}\Omega$ $R_L=100\mathrm{k}\Omega$	同左	$R_S=100\mathrm{k}\Omega$ $R_F=100\mathrm{k}\Omega$ R_L开路	$R_S=10\mathrm{k}\Omega$ $R_F=10\mathrm{k}\Omega$ R_L开路
V_o/mV	理论估算值							
	实测值							
	误差							

五、实验结果与分析（略）

六、实验思考题及实验报告要求

（1）分析实验所得的值，试回答下列问题：

① 反相比例放大器和同相比例放大器的输入电阻、输出电阻有什么特点？试用深度、反馈概念解释之。

② 工作在线性范围内的集成运放两个输入端的电路和电位差是否可视为零？为什么？

③ 比较反相比例求和电路与双端输入求和电路中集成运放块的共模输入电压，试说明哪个电路的运算精度高？

（2）比例、求和等运算电路是否可能产生频率很低的自振荡？为什么？

（3）进行关于比例、求和等运算电路实验时，如果不先调零，可以吗？为什么？

实验九　门电路实验

一、实验目的

熟悉、掌握门电路的逻辑功能。

二、实验仪器和设备

（1）SXJ-3C 型数字电路试验箱。

（2）数字万用表。

三、实验原理及主要知识点

（1）与非门 $F = \overline{AB}$ （有 0 出 1，全 1 出 0）。

（2）与或非门 $F = \overline{AB + CD}$ （画真值表自行总结）。

（3）或门 $F = A + B$ （有 1 出 1，全 0 出 0）。

四、实验步骤

实验前的准备：在数字电路试验箱未连接任何器件的情况下，先接通交流电源，检查 5V 电源是否正常，再接通直流电源，用万用表直流电压挡检测 VCC 处的电压是否正常，测量两排插口中间的 VCC 插口处的电压是否正常，全正常后断开全部电源。

选择好实验用集成片，查清集成片的引脚及功能。然后，根据实验图接线，特别注意 VCC 及接地线不能接错。待实验指导教师检查后方可接通电源进行实验，以后所有实验依此办理。

1. 检测与非门的逻辑功能

（1）选择双 4 输入正与非门 74LS20 集成芯片一只；选择一个组件插座（芯片先不要插入）按图 1-9-1 连接好线路。

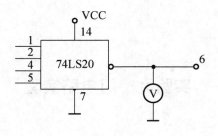

图 1-9-1

（2）输入端连接电平开关输出插口，输出端连接发光二极管显示器插口。

（3）拨动电平开关，按表 1-9-1 中所列情况分别测出输出端电平。

表 1-9-1

输入端				输出端	
				6	
1	2	4	5	电压/V	逻辑状态
1	1	1	1		
0	1	1	1		
0	0	1	1		
0	0	0	1		
0	0	0	0		

2. 检测与或非门的逻辑功能

（1）选择两路四输入与或非门电路 74LS55 集成芯片一个；选择一个组件插座（芯片先不要插入）按图 1-9-2 接好线。

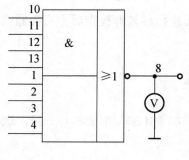

图 1-9-2

（2）输入端连接电平输出插口，拨动开关，当输入端为表 1-9-2 所列情况时，分别测试输出端的电位，将结果填入表 1-9-2 中。

表 1-9-2

输入端								输出端	
								8	
1	2	3	4	10	11	12	13	电压/V	逻辑状态
1	1	1	1	0	0	0	0		
1	1	1	1	0	0	0	1		
0	0	0	0	1	1	1	1		
1	0	0	0	1	1	1	1		
0	0	0	1	0	0	0	1		
0	0	0	0	0	0	0	0		

3. 利用与非门组成或门电路并测试其逻辑功能

根据摩根定理，或门的逻辑函数表达式 $Z = A + B$ 可以写成 $Z = \overline{\overline{A} \cdot \overline{B}}$。因此，可以用 3 个与非门构成或门。

（1）将由 3 个与非门构成的或门测试电路画在图 1-9-3 空白处。

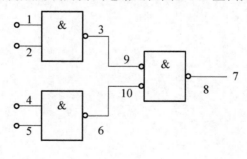

图 1-9-3

（2）当输入端（A、B）为表 1-9-3 所列情况时，分别测量输出端（Z）的电位，将结果填入表 1-9-3 中。

表 1-9-3

输入端	*A* 的逻辑状态	0	0	1	1
	B 的逻辑状态	0	1	0	1
输出端	*Z* 的电位/V				
	Z 的逻辑状态				

五、实验思考题及实验报告要求

整理实验数据，并对数据进行分析，根据实验观察到的现象，回答下列问题。

（1）与非门在什么情况下输出高电平？在什么情况下输出低电平？逻辑门电路（TTL）与非门不用的输入端应如何处理？

（2）与或非门在什么情况下输出高电平？在什么情况下输出低电平？TTL 与或非门不用的与门应如何处理？

实验十　触发器实验

一、实验目的

（1）学习触发器逻辑功能的测试方法。

（2）熟悉基本 R-S 触发器逻辑功能及其触发方式。

（3）熟悉 J-K 触发器和 D 触发器的逻辑功能及其触发方式。

二、实验仪器及设备

（1）SXJ-3C 型数字电路试验箱。

（2）数字万用表。

三、实验内容及步骤

1. 基本触发器的逻辑功能测试

选用双与非门连接成如图 1-10-1 所示的基本触发器。$\overline{R}$ 和 $\overline{S}$ 端接入插孔，不使用时为高电平，利用低电平实现置 0 和置 1。

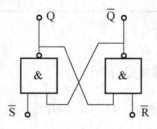

图 1-10-1

利用万用表测量 Q 及 $\overline{Q}$ 端的电位，借助发光二极管检测触发器的状态，并填入表 1-10-1。

表 1-10-1

$\overline{R}$	$\overline{S}$	Q	$\overline{Q}$	触发器状态
0	1			
1	0			
1	1			

2. JK 触发器逻辑功能测试

由发光二极管测量 74LS73 在表 1-10-2 所列情况下 Q 端的逻辑状态，并填入该表中，观察其触发方式。

表 1-10-2

J		0			0			1			1	
K		0			1			0			1	
Q^n	0		1	0		1	0		1	0		1
CP	保持	↑	↓	保持	↑	↓	保持	↑	↓	保持	↑	↓	保持	↑	↓	保持	↑	↓	保持	↑	↓	保持	↑	↓
Q^{n+1}												

注：箭头 ↑ 表示 CP 上升沿，↓ 表示 CP 下降沿。

3. D 触发器（74LS74）逻辑功能的测试

（1）异步置位及复位功能的测试。D、CP 端开路，用万用表测试表中所示情况下 Q 端的电位，并将其转为逻辑状态填入表 1-10-3。

表 1-10-3

CP	D	$\overline{R}_d$	$\overline{S}_d$	Q 端逻辑状态
×	×	0	1	
×	×	1	0	

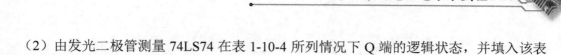

（2）由发光二极管测量 74LS74 在表 1-10-4 所列情况下 Q 端的逻辑状态，并填入该表中，观察其触发方式。

表 1-10-4

D	0						1					
Q^n	0			1			0			1		
CP	保持	↑	↓	保持	↑	↓	保持	↑	↓	保持	↑	↓
Q^{n+1}												

四、实验报告要求

（1）整理实验数据、图表并对实验结果进行分析讨论。

（2）总结实验收获。

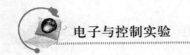

实验十一　二进制计数器实验

一、实验目的

学习计数器逻辑功能的测试方法，熟悉计数器的工作原理。

二、实验仪器和设备

（1）SXJ-3C 型数字电路试验箱。

（2）数字万用表。

三、实验内容与步骤

1. 异步二进制加法计数器

（1）按图 1-11-1 接线，在数字电路试验箱上用 JK 触发器组成三位异步二进制加法计数器。将各触发器输出端 Q_A、Q_B、Q_C 分别连接发光二极管插口。清零端平时工作电源电压为+5V。需要清零时接地，随后再连接+5V 工作电源。

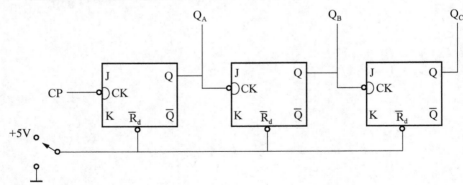

图 1-11-1

（2）清零。

（3）计数器 CP 端输入脉冲信号，由指示灯或万用表测量计数器的逻辑状态，并填入表 1-11-1 中。

表 1-11-1

CP	0	1	2	3	4	5	6	7	8
Q_C	0								
Q_B	0								
Q_A	0								

2. 异步二进制减法计数器

（1）用 JK 触发器设计一个二进制异步减法计数器，并绘出电路图。

（2）清零。

（3）计数器 CP 端输入脉冲信号，由指示灯或万用表测量计数器的逻辑状态，并填入表 1-11-2 中。

表 1-11-2

CP	0	1	2	3	4	5	6	7	8	9
Q_D	0									
Q_C	0									
Q_B	0									
Q_A	0									

3. 实验步骤

（1）用 D 触发器设计一个二进制异步加计数器，并绘制电路图。

（2）清零。

（3）计数器 CP 端输入脉冲信号，由指示灯或万用表测量计数器的逻辑状态，并填入表 1-11-3 中。

表 1-11-3

CP	0	1	2	3	4	5	6	7	8	9
Q_D	0									
Q_C	0									
Q_B	0									
Q_A	0									

四、实验报告要求

（1）整理实验数据、图表并对实验结果进行分析讨论。

（2）总结实验收获。

五、预习要求

（1）复习二进制计数器工作原理。

（2）预习实验内容，画出实验电路。

实验十二　译码器驱动器显示电路实验

一、实验目的

（1）学习掌握译码器 7448 型驱动器显示电路的原理和使用方法。

（2）熟悉数码管的原理和使用方法。

二、实验仪器及设备

（1）SXJ-3C 型数字电路试验箱。

（2）数字万用表。

三、实验内容及步骤

用译码器 7448 型驱动器和数码管构成译码器驱动器显示电路，如图 1-12-1 所示。

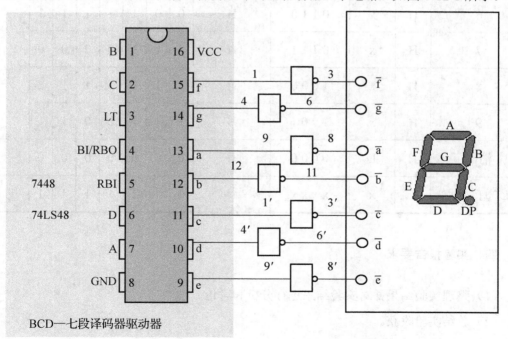

图 1-12-1

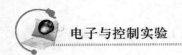

（1）按照实验电路图接好线。

（2）验证译码器 7448 型驱动器的逻辑功能并填好表 1-12-1。该表是 74ls48 引脚功能表——七段译码驱动器功能表。

表 1-12-1

十进制数或功能	输入			BI/RBO	输出							字形
	LT	RBI	D C B A		a	b	c	d	e	f	g	
0	H	H	0 0 0 0	H	1	1	1	1	1	1	0	
1	H	x	0 0 0 1	H	0	1	1	0	0	0	0	
2	H	x	0 0 1 0	H	1	1	0	1	1	0	1	
3	H	x	0 0 1 1	H	1	1	1	1	0	0	1	
4	H	x	0 1 0 0	H	0	1	1	0	0	1	1	
5	H	x	0 1 0 1	H	1	0	1	1	0	1	1	
6	H	x	0 1 1 0	H	0	0	1	1	1	1	1	
7	H	x	0 1 1 1	H	1	1	1	0	0	0	0	
8	H	x	1 0 0 0	H	1	1	1	1	1	1	1	
9	H	x	1 0 0 1	H	1	1	1	0	0	1	1	
消隐	H	L	0 0 0 0	L	0	0	0	0	0	0	0	
LT 灯测试	L	x	x x x x	H	1	1	1	1	1	1	1	

四、实验报告要求

（1）整理实验结果并对实验结果进行分析和讨论。

（2）总结实验收获。

实验十三　倒 T 形电阻网络 D/A 转换器

一、实验目的

（1）熟悉 D/A 转换器的工作原理及转换器的转换特性。

（2）了解倒 T 形电阻网络 D/A 转换器的原理及组成。

二、实验仪器和设备

（1）SXJ-3C 型数字电路试验箱。

（2）数字万用表。

三、实验内容

按图 1-13-1 接线。

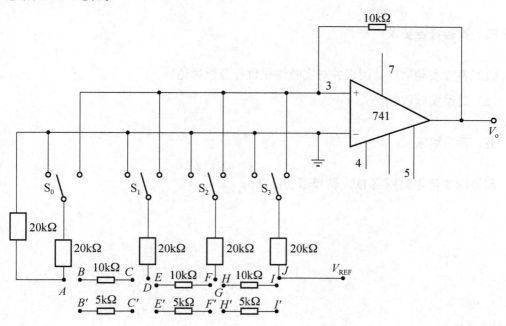

图 1-13-1

（1）先将 10kΩ 电阻接入电路，用短接线将 *AB*、*CD*、*DE*、*FG*、*GH*、*IJ* 短接。

（2）V_{REF} 连接 +5V 参考电压。

（3）静态测试 D/A 转换器输入端输入二进制数据与输出直流电压的关系。数字输入端开关连接运算放大器 3 端为高电平 1，接地为低电平 0。其结果填入表 1-13-1 中，并与计算值比较。

表 1-13-1

输入 D（二进制数）	0000	0001	0010	0011	0100	0101	0110	0111	1000	1001
输出 V_o（直流电平）										
理论计算值 V_o/V										

四、实验报告要求

（1）整理实验数据、图表并对实验结果进行分析讨论。

（2）总结实验收获。

五、预习要求

预习倒 T 形电阻网络 D/A 转换器的原理。

第 2 章　单片机原理实验

实验一　LED 灯显示实验

一、实验目的

（1）掌握单片机 I/O 口的工作原理和上拉电阻的作用。

（2）掌握发光二极管（LED）的共阳极、共阴极接法的区别。

（3）掌握延时子程序的编写和使用。

二、实验内容

向单片机 P2 口发送不同的数据，可以使 LED 灯具有多种显示方式。例如，逐个熄灭/点亮、交错点亮/熄灭等。

三、实验设备

JY-5208K 单片机开发综合实验台、单片机模块（AT89S51 或 AT89S52）、LED 灯显示模块。

四、实验原理

实验原理电路如图 2-1-1 所示。

五、实验步骤

连接单片机模块 P2 口与 LED 灯的导线，控制 LED 灯的显示方式。例如，逐个灭/亮、交错亮/灭等。

六、实验结果

8 个 LED 灯依次熄灭。

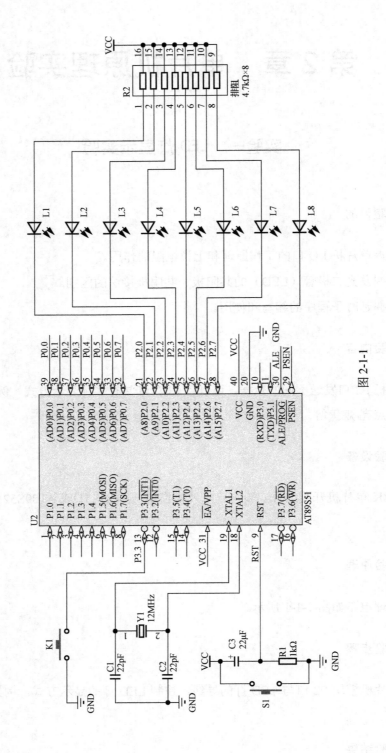

图 2-1-1

七、参考程序

汇编语言程序：

```
        ORG     0000H
        AJMP    MAIN
        ORG     0040H
MAIN:   SETB    C
        CLR     A
LOOP:   RLC     A
        MOV     P2,A
        ACALL   DELAY
        AJMP    LOOP
DELAY:  MOV     R7,#0FFH
AGAIN1: MOV     R6,#0FFH
AGAIN:  NOP
        NOP
        DJNZ    R6,AGAIN
        DJNZ    R7,AGAIN1
        RET
        END
```

C 语言程序：

```c
#include<reg52.h>
#define uchar unsigned char
#define uint unsigned int

void delayms(uint a)
{
    uint i;
    uchar j;
    for(i=0;i<a;i++)
        for(j=0;j<200;j++);
}
void main()
{
    while(1)
    {
        P2=0x00;
```

```
        delayms(200);
        P2=0X01;
        delayms(500);
        P2=0X02;
        delayms(500);
        P2=0X04;
        delayms(500);
        P2=0X08;
        delayms(500);
        P2=0X10;
        delayms(500);
        P2=0X20;
        delayms(500);
        P2=0X40;
        delayms(500);
        P2=0X80;
        delayms(500);
    }
}
```

八、思考题

对于本实验，延时子程序如下。

```
Delay:      MOV     R6, 0
            MOV     R7, 0
DelayLoop:  DJNZ    R6, DelayLoop
            DJNZ    R7, DelayLoop
            RET
```

本模块使用 12MHz 晶振，请粗略计算此程序的执行时间。

实验二　定时器/计数器实验

一、实验目的

（1）掌握单片机定时器/计数器中断的工作原理。

（2）掌握定时器/计数器工作方式 1 的使用方法。

（3）掌握定时器中断的基本处理方法，学习中断处理程序的编程方法。

二、实验内容

通过定时器 T1 的工作方式 1 定时，利用定时中断控制 P1.0 口输出脉冲，驱动 LED 灯闪烁。

三、实验设备

JY-5208K 单片机开发综合实验台、单片机模块（AT89S51 或 AT89S52）、LED 灯显示模块。

四、实验原理

实验电路原理如图 2-2-1 所示。

五、实验步骤

（1）通过电线连接，将单片机模块 P1.0 口引脚连接到 LED 灯 D1 的控制引脚，电路如图 2-2-1 所示。

（2）将 ISP 下载器的一端与计算机 USB 口相连，另一端 10PIN 插头插入目标电路板单片机模块的 ISP 口。

（3）打开计算机上的 PROGISP 软件，选择芯片 AT89S51（或 AT89S52）。单击"调入 Flash"按钮，在弹出的窗口中选择利用 Keil 软件编译创建的"HEX"文件。单击"打开"按钮，再单击"自动"按钮完成程序下载。

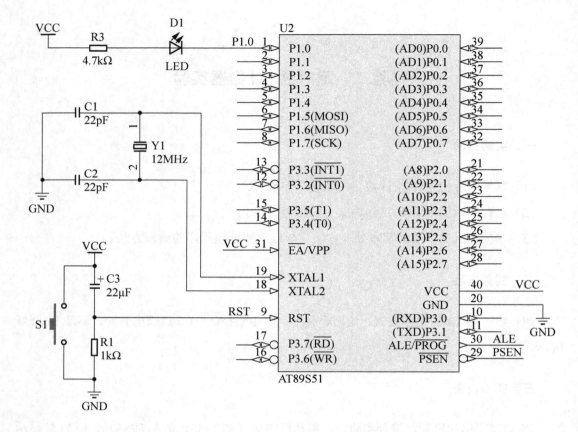

图 2-2-1

六、实验结果

完成程序下载任务后，给单片机模块通电，就会发现 LED 灯闪烁。

七、参考程序

汇编语言程序：

```
          ORG       0000H
          AJMP      MAIN
          ORG       001BH
          AJMP      INTQR
          ORG       001DH
MAIN:     MOV       SP,#50H
          MOV       TMOD,#10H
          MOV       TH1,#00H
```

```
            MOV        TL1,#00H
            SETB       EA
            SETB       ET1
            SETB       TR1
            AJMP       $
INTQR:      CLR        EA
            PUSH       DPH
            PUSH       DPL
            PUSH       PSW
            CPL        P1.0
            MOV        TMOD,#10H
            MOV        TH1,#00H
            MOV        TL1,#00H
            SETB       EA
            SETB       ET1
            POP        PSW
            POP        DPL
            POP        DPH
            SETB       EA
            RETI
            END
```

C 语言程序：

```
#include<AT89X51.h>
#define uchar unsigned char
#define uint unsigned int
void main()
{
    TMOD=0X10;              //T1 设置为定时模式，工作方式为 1
    TR1=1;                 //启动定时器 T1
    TH1=0X00;              //给 T1 寄存器高八位赋值
    TL1=0X00;              //给 T1 寄存器低八位赋值
    ET1=1;                //开定时器 1 的中断
    EA=1;                 //开总中断
    while(1)
    {;}                   //等待中断
}
void TIM_1(void) interrupt 3 using 0
{
    P1_0=~P1_0;            //P1_0 口输出取反
    TH1=0X00;
    TL1=0X00;             //再次给计数寄存器赋值
}
```

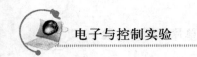

实验三　外部中断实验

一、实验目的

（1）加深理解 MCS-51 单片机中断过程及优先级概念。

（2）学习外部中断技术的基本使用方法。

（3）进一步掌握中断处理程序的编程方法。

二、实验内容

（1）编写程序，使按 K2 键时显示的数字是依次增加的，而按 K1 键时，显示的数字是依次减少的。

（2）INT0 端连接单次脉冲发生器，P1.0 连接 LED 灯，以查看信号反转。

三、实验说明

1. 中断过程

中断请求由中断源提出，对外部中断来说，有低电平中断和下降沿中断两种方式，中断控制由 IE 寄存器和 IP 寄存器管理，以确定是否允许中断和中断优先级的识别。中断标志的建立由外部硬件确定，是否响应中断、何时响应中断是由软件设置控制的。

5 个中断源的入口地址：外部中断 0 /INT0　　　　　　　　0003H

外部中断 1 /INT1　　　　　　　　0013H

定时器/计数器 T0 溢出中断　　　000BH

定时器/计数器 T1 溢出中断　　　001BH

RI+TI 串行接收/发送中断　　　　0023H

2. 中断控制原理

MCS-51 单片机用于此目的的控制寄存器有 4 个：TCON、IE、SCON 及 IP。

当中断请求满足响应条件而被响应时，由硬件生成长调用指令（LCALL），将当前 PC 值自动压栈保护，但状态寄存器（PSW）内容不被压栈保护。然后，将对应的中断向量地址装入 PC，使程序转向中断服务程序执行。中断服务程序从上述向量地址单元开始执行，直到执行完返回指令为止。返回指令（RETI）的执行，一边通知中断控制器，表示中断服务程序已执行完毕；一边将断点地址从堆栈弹出装入 PC，使程序返回断点处继续往下执行。

3. 实验电路

实验电路——LED 数码管显示模块电路如图 2-3-1 所示。

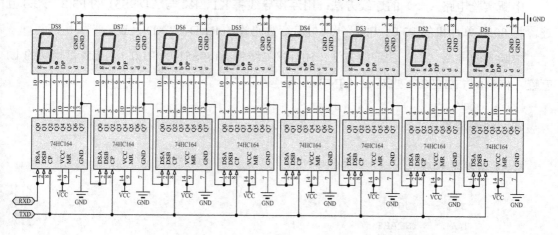

图 2-3-1

4. 中断实验电路

中断实验电路（一）和中断实验电路（二）如图 2-3-2 和图 2-3-3 所示。

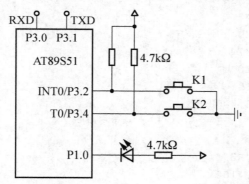

图 2-3-2

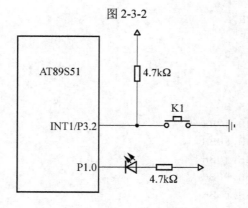

图 2-3-3

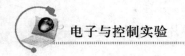

5. 连线方法

中断实验电路（一）的连线方法：用连接导线将 K1、K2 与 AT89S51 的 P3.2、P3.3 互连，将 8051 单片机的 P3.0、P3.1 分别与串行数码管的 RXD、TXD 互连。

中断实验电路（二）的连线方法：用连接导线将 AT89S51 的 P1.0 与 LED 灯模块的 L1 互连，将 K1 与 AT89S51 的 P3.2（/INT0）互连。

四、程序清单

1. 实验参考程序

```
            ORG     0000H
            LJMP    START
            ORG     0003H
            AJMP    INT_ADD
            ORG     0013H
            AJMP    INT_Minus
            ORG     0033H
START:      SETB    EA                  ; 开中断
            SETB    EX0
            SETB    EX1
            SETB    IT0
            SETB    IT1
            MOV     R3,#00H
            SJMP    $                   ; 等待中断
INT_Minus:  DEC     R3                  ; 减1
            MOV     A,R3
            MOV     B,#100
            DIV     AB
            MOV     32H,A
            MOV     A,B
            MOV     B,#10
            DIV     AB
            MOV     31H,A
            MOV     30H,B
            MOV     33H,#0BH
            MOV     34H,#0BH
            MOV     35H,#0BH
            MOV     36H,#0BH
            MOV     37H,#0BH
            ACALL   BCD
```

```
            ACALL    DISP
            ACALL    DELAY
            ETB      EA
            RETI

INT_ADD: CLR     EA
            INC      R3                    ; 加一
            MOV      A, R3
            MOV      B, #100
            DIV      AB
            MOV      32H, A
            MOV      A, B
            MOV      B, #10
            DIV      AB
            MOV      31H, A
            MOV      30H, B
            MOV      33H, #0BH
            MOV      34H, #0BH
            MOV      35H, #0BH
            MOV      36H, #0BH
            MOV      37H, #0BH
            ACALL    BCD
            ACALL    DISP
            ACALL    DELAY
            SETB     EA
            RETI
DELAY:   MOV      R7, #04H
DL0:     MOV      R4, #00H              ; 延时
DE1:     MOV      R5, #00H
DE2:     DJNZ     R5, DE2
            DJNZ     R4, DE1
            DJNZ     R7, DL0
            RET
TAB:     DB       77H, 14H, 0B3H, 0B6H, 0D4H, 0E6H
            DB       0E7H, 34H, 0F7H, 0F6H, 0FFH, 00H    ; 0~9的段码
DISP:    MOV      SCON, #00H
            MOV      R0, #30H
            MOV      R2, #08H
L00C9:   MOV      SBUF, @R0
L00CB:   JNB      TI, $
            CLR      TI
            INC      R0
            DJNZ     R2, L00C9
            RET
BCD:     MOV      R0, #30H
```

```
        MOV     R2,#08H
        MOV     DPTR,#TAB
TAB0:   MOV     A,@R0
        MOVC    A,@A+DPTR
        MOV     @R0,A
        INC     R0
        DJNZ    R2,TAB0
        RET
        END
```

2. 参考程序

```
        ORG     0000H
        LJMP    START
        ORG     0003H
        AJMP    INTSR
        ORG     0100H
START:  SETB    P1.0
        SETB    EA          ; 开启中断
        SETB    EX0
        SETB    IT0
        SJMP    $
INTSR:  CLR     EA          ; 关闭中断
        CPL     P1.0
        ACALL   DELAY
        SETB    EA
        RETI
        END
```

实验四 数字时钟实验

一、实验目的

了解数字时钟工作原理，掌握其应用；了解由 8 位边沿触发式移位寄存器 74HC164 驱动 8 段 LED 数码管的编码规则。

二、实验内容

通过单片机内部定时产生周、时、分、秒，并通过串口送数码管显示。

三、实验设备

JY-5208K 型单片机开发综合实验台、MCS-51 单片机主控模块。

四、实验原理

实验原理如图 2-4-1 所示。

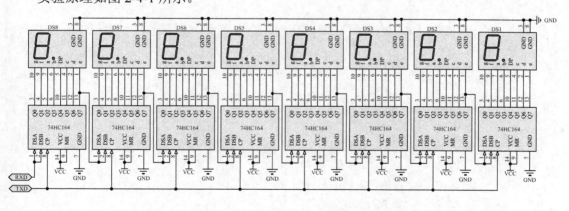

图 2-4-1

五、实验步骤

连接单片机模块，P3.0 连接 RXD，P3.1 连接 TXD。

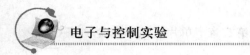

六、实验结果

数码管显示周、时、分、秒。

七、参考程序

```
            ORG     0000H
            AJMP    MAIN
            ORG     0033H
MAIN:   MOV     30H,#00H
            MOV     31H,#00H
            MOV     32H,#00H
            MOV     33H,#00H
START:  ACALL   TIMER                   ;产生时、分、秒
            ACALL   BCD
            ACALL   DISP
            AJMP    START
TIMER:  ACALL   DELAY
            MOV     A,30H
            ADD     A,#01H
            DA      A
            MOV     30H,A
            CLR     C
            CJNE    A,#60H,RETURN
            MOV     30H,#00H
            MOV     A,31H
            ADD     A,#01H
            DA      A
            MOV     31H,A
            CJNE    A,#60H,RETURN
            MOV     31H,#00H
            MOV     A,32H
            ADD     A,#01H
            DA      A
            MOV     32H,A
            CJNE    A,#24H,RETURN
            MOV     32H,#00H
            MOV     A,33H
            ADD     A,#01H
```

```
                DA          A
                MOV         33H,A
RETURN:    RET
BCD:       MOV          R0,#30H
                MOV          R1,#40H
                MOV          R2,#04H
LOOP:      MOV          A,@R0
                ANL          A,#0FH
                MOV          @R1,A
                MOV          A,@R0
                ANL          A,#0F0H
                SWAP         A
                INC          R1
                INC          R0
                MOV          @R1,A
                DJNZ         R2,LOOP
                MOV          R2,#08H
                MOV          R0,#40H
LOOP1:     MOV          DPTR,#TABLE
                MOV          A,@R0
                MOVC         A,@A+DPTR
                MOV          @R0，A
                INC          R0
                DJNZ         R2，LOOP1
                RET
TABLE:     DB           77H
                DB           14H
                DB           0B3H
                DB           0B6H
                DB           0D4H
                DB           0E6H
                DB           0E7H
                DB           34H
                DB           0F7H
                DB           0F6H
                DB           0FFH
                DB           00H
                RET
DISP:      MOV          SCON,#00H
                MOV          R0,#40H              ;显示缓冲区
```

```
            MOV      R2,#08H              ;显示数据位数
LOOP:       MOV      SBUF,@R0
            JNB      TI,$
            CLR      TI
            INC      R0
            DJNZ     R2,LOOP
            RET

DELAY:      MOV      R7,#0FFH
AGAIN1:     MOV      R6,#0ffH
AGAIN:      NOP
            NOP
            DJNZ     R6,AGAIN
            DJNZ     R7,AGAIN1
            RET
            END
```

实验五　交通灯实验

一、实验目的

熟悉单片机 I/O 操作，开拓创新思维。

二、实验内容

通过多彩灯调节和延时实现简化的交通灯实验。

三、实验原理

实验原理如图 2-5-1 所示。

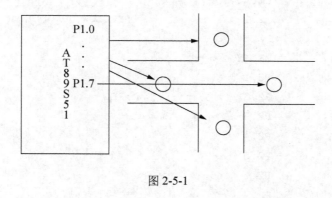

图 2-5-1

四、实验步骤

（1）将多彩灯控制端口连接到单片机 I/O。

（2）要求参考程序达到以下目标：东西方向红灯亮，表示禁止通行；南北方向绿灯亮，表示可以通行；30s 后，黄灯（有红和绿等叠加效果）亮，警示通行；5s 后停止，东西方向绿灯亮，表示可以通行；南北方向红灯亮，表示禁止通行。

（3）二次开发中可以根据实际效果进行修改测试，可增加闪烁显示功能，可以利用定时器精确计时。

五、参考程序

汇编语言程序：

```
        ORG     0000H
        AJMP    MAIN
        ORG     0040H
MAIN:   SETB    P2.0
        SETB    P2.1
        SETB    P2.2
        SETB    P2.3
        CLR     P2.4            ;RED  GREEN
        CLR     P2.5
        CLR     P2.6
        CLR     P2.7
        CALL    DELAY
        CLR     P2.1            ;YELLOW
        CLR     P2.2
        CALL    DELAY
        CLR     P2.1
        CLR     P2.2            ;RED
        SETB    P2.3
        CLR     P2.4
        SETB    P2.5
        SETB    P2.6
        CLR     P2.7
        CALL    DELAY
        CLR     P2.0
        CLR     P2.1            ;GREEN  RED
        CLR     P2.2
        CLR     P2.3
        SETB    P2.4
        SETB    P2.7
        CALL    DELAY
        CLR     P2.4
        CLR     P2.7            ;YELLOW
        CALL    DELAY
```

```
           SETB        P2.0
           SETB        P2.3                  ;RED
           CALL        DELAY
           LJMP        MAIN
DELAY:  MOV         R1,#10
AGAIN2: MOV         R7,#0FFH              ;延时程序
AGAIN1: MOV         R6,#0FFH
AGAIN:  NOP
           NOP
           DJNZ        R6,AGAIN
           DJNZ        R7,AGAIN1
           DJNZ        R1,AGAIN2
           RET
           END
```

C 语言程序：

```c
#include<reg52.h>
#include <intrins.h>
#define uint unsigned int
#define uchar unsigned char
uchar temp;
void delay(uint);
sbit r1=P1^0;
sbit g1=P1^1;
sbit r2=P1^2;
sbit g2=P1^3;
sbit r3=P1^4;
sbit g3=P1^5;
sbit r4=P1^6;
sbit g4=P1^7;

void main()
{
temp=0xff;
    P1=temp;
    delay(10);
    while(1)
    {
        g1=0;
        g3=0;
```

```
            r2=0;
            r4=0;
    //  temp=_crol_(temp,1);
        delay(30000);
        P1=0X00;
        delay(5000);
        P1=0XFF;
        delay(10);
        r1=0;
        r3=0;
        g2=0;
        g4=0;
        delay(10000);
    }
}


void delay(uint z)
{
    uint x,y;
    for(x=z;x>0;x--)
        for(y=113;y>0;y--);
}
```

实验六　4×4 矩阵键盘实验（上机仿真实验）

一、实验目的

掌握 4×4 矩阵键盘使用的方法；学习掌握 Proteus 及 Keil 联合仿真调试方法。

二、实验内容

使用 AT89S51 单片机，提取出行、列的代码，输入数码管。

三、实验设备

单片机模块（AT89S51 或 AT89S52）、LED 显示模块。

四、实验原理

实验原理如图 2-6-1 所示。

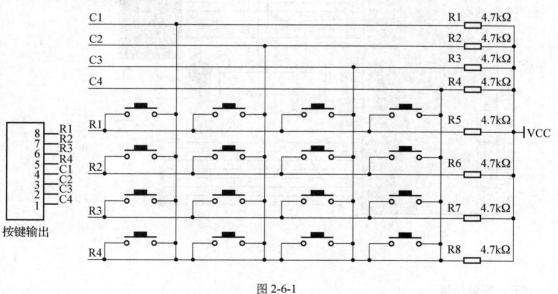

图 2-6-1

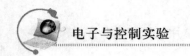

電子与控制实验

（1）键设置在行列线交点处，行列线分别连接到键开关的两端。当行线通过上拉电阻连接+5V 工作电源时，被钳位在高电平状态。

（2）键盘中有无键被按下是由列线输入全扫描字、行线读入行线状态来判断的。其方法如下：把列线的所有 I/O 线均置成低电平，然后将行线电平状态读入累加器 A 中。如果有键被按下，总会有一根行线电平被拉至低电平，从而使行输入不全为 1。

（3）键盘中哪一个键被按下是由列线逐列置低电平后，检查行输入状态来判断的。方法如下：依次给列线输送低电平，然后检查所有行线状态。若全为 1，则所按下的键不在此列。若不全为 1，则所按下的键必在此列，而且是在与低电平行线相交的交点上的那个键。

（4）Proteus 仿真如图 2-6-2 所示。

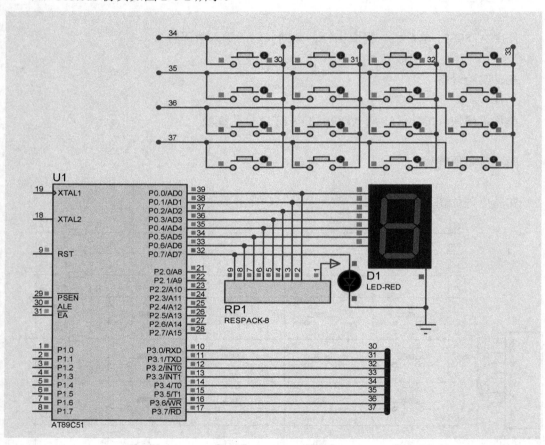

图 2-6-2

五、实验步骤

P1.0～P1.7 分别连接 C4～R1，数码管静态显示所按键盘的键值 0～F。

70

六、参考程序

汇编语言程序：

```
P1.0-7------C4-R1,结果十六进制形式显示 0-F
          KEY      EQU      30H
          ORG      0000H
          SJMP     START
START:    MOV      P2,#00H
          JIXU:    MOV      P1,#0FFH
          CLR      P1.4
          MOV      A,P1
          ANL      A,#0FH
          XRL      A,#0FH
          JZ       NOKEY0
          LCALL    DELAY10MS
          MOV      A,P1
          ANL      A,#0FH
          XRL      A,#0FH
          JZ       NOKEY0
          MOV      A,P1
          ANL      A,#0FH
          CJNE     A,#0EH,NEXT1
          MOV      KEY,#15
          LJMP     OK
NEXT1:    CJNE     A,#0DH,NEXT2
          MOV      KEY,#14
          LJMP     OK
NEXT2:    CJNE     A,#0BH,NEXT3
          MOV      KEY,#13
          LJMP     OK
NEXT3:    CJNE     A,#07H,NOKEY0
          MOV      KEY,#12
          LJMP     OK
NOKEY0:   MOV      P1,#0FFH
          CLR      P1.5
          MOV      A,P1
          ANL      A,#0FH
          XRL      A,#0FH
```

```
              JZ       NOKEY1
              LCALL    DELAY10MS
              MOV      A,P1
              ANL      A,#0FH
              XRL      A,#0FH
              JZ       NOKEY1
              MOV      A,P1
              ANL      A,#0FH
              CJNE     A,#0EH,NEXT5
              MOV      KEY,#11
              LJMP     OK
    NEXT5:    CJNE     A,#0DH,NEXT6
              MOV      KEY,#10
              LJMP     OK
    NEXT6:    CJNE     A,#0BH,NEXT7
              MOV      KEY,#0
              LJMP     OK
    NEXT7:    CJNE     A,#07,NOKEY1
              MOV      KEY,#9
              LJMP     OK
    NOKEY1:   MOV      P1,#0FFH
              CLR      P1.6
              MOV      A,P1
              ANL      A,#0FH
              XRL      A,#0FH
              JZ       NOKEY2
              LCALL    DELAY10MS
              MOV      A,P1
              ANL      A,#0FH
              XRL      A,#0FH
              JZ       NOKEY2
              MOV      A,P1
              ANL      A,#0FH
              CJNE     A,#0EH,NEXT9
              MOV      KEY,#8
              SJMP     OK
    NEXT9:    CJNE     A,#0DH,NEXT10
              MOV      KEY,#7
              SJMP     OK
    NEXT10:   CJNE     A,#0BH,NEXT11
```

```
               MOV      KEY,#6
               SJMP     OK
NEXT11:CJNE    A,#07,NOKEY2
               MOV      KEY,#5
               SJMP     OK
NOKEY2:MOV     P1,#0FFH
               CLR      P1.7
               MOV      A,#P1
               ANL      A,#0FH
               XRL      A,#0FH
               JZ       NEXT16
               LCALL    DELAY10MS
               MOV      A,P1
               ANL      A,#0FH
               XRL      A,#0FH
               JZ       NEXT16
               MOV      A,P1
               ANL      A,#0FH
               CJNE     A,#0EH,NEXT13
               MOV      KEY,#4
               SJMP     OK
NEXT13:CJNE    A,#0DH,NEXT14
               MOV      KEY,#3
               SJMP     OK
NEXT14:CJNE    A,#0BH,NEXT15
               MOV      KEY,#2
               SJMP     OK
NEXT15:CJNE    A,#07H,NEXT16
               MOV      KEY,#1
               SJMP     OK
NEXT16:LJMP    JIXU
OK:    MOV     A,KEY                    ;显示
               MOV      DPTR,#TABLE
               MOVC     A,@A+DPTR
               MOV      SCON,#00
               MOV      R7,#08
LOOPDISPLAY:
               MOV      SBUF,A
               JNB      TI,$
               CLR      TI
```

```
        DJNZ     R7,LOOPDISPLAY
        LJMP     JIXU


DELAY10MS:
        MOV      R6,#10
D1:     MOV      R7,#248
        DJNZ     R7,$
        DJNZ     R6,D1
        RET
TABLE:  DB  77H,14H,0B3H,0B6H,0D4H,0E6H,0E7H,34H    ;实验室共阴极静态编码 0~f
        DB  0F7H,0F6H,0F5H,0C7H,63H,97H,0E3H,0E1H
        END
/*********************************************/
```

C 语言程序:

```
//P1.0~7------ C4~R1
#include <reg51.h>
Unsigned char code table[]={   0x77,0x14,0xB3,0xB6,0xD4,0xE6,0xE7,0x34,
                  0xF7,0xF6,0xF5,0xC7,0x63,0x97,0xE3,0xE1};//0~f
unsigned char temp;
unsigned char key1=0,key2;
unsigned char i,j;

void delay1(unsigned int del)
{
    unsigned char i,j;
    for(i=0;i<del;i++)
    {
        for(j=0;j<255;j++);
    }
}

void disp(unsigned char dat)
{
    unsigned char i;
    SCON=0X00;
    for(i=0;i<8;i++)
    {
        SBUF=table[dat];
        while(TI==0);
```

```
            TI=0;
    }
}


#define     PROT     P1
Void    main(void)
{
    while(1)
    {
        PROT=0xeF                            ;//高四位输出，低四位输入
    temp=PROT;
        temp=temp & 0x0F;
        if (temp!=0x0F)                      ;//! =时 p21~p23 有按键动作发生
        {
            delay1(5);
            temp=PROT;
            temp=temp & 0x0F;
            if(temp!=0x0F)
            {
                switch(temp)
                {
                case 0x0E:              //p40 有按键动作发生
                    key1=15;
                    break;
                case 0x0D:              //p41 有按键动作发生
                    key1=14;
                    break;
                case 0x0B:              //p42 有按键动作发生
                    key1=13;
                    break;
                case 0x07:              //p43 有按键动作发生
                    key1=12;
                    break;
                  //default : break;
                }
                disp(key1);
                break;
            }
        break;
    }
```

```
PROT=0xDF;
PROT=0XDF;
temp=PROT;
temp=temp & 0x0F;
if (temp!=0x0F)                        //!=时 p01~p03 有按键动作发生
    {
          temp=temp & 0x0F;
          switch(temp)
          {
            case 0x0E:                 //p40 有按键动作发生
                  key1=11;
                  break;
            case 0x0D:                 //p41 有按键动作发生
                  key1=10;
                  break;
            case 0x0B:                 //p42 有按键动作发生
                  key1=0;
                  break;
            case 0x07:                 // p43 有按键动作发生
                  key1=9;
                  break;
            //default :break;
          }

          disp(key1);
          break;
              }
PROT=0XBF;
temp=PROT;
temp=temp&0x0F;
if(temp!=0X0F)
    {
        switch(temp)
        {
            case 0X0E: key1=8 ;break;
            case 0x0d: key1=7; break;
            case 0x0b: key1=6 ;break;
            case 0x07: key1=5; break;
            //default :break;
        }
```

```
            disp(key1);
            break;
        }
        PROT=0X7F;
        temp=PROT;
        temp=temp&0x0F;
        if(temp!=0x0f)
        {
            switch(temp)
            {
                case 0x0e: key1=4 ;break;
                case 0x0d: key1=3 ;break;
                case 0x0b: key1=2 ;break;
                case 0x07: key1=1 ;break;
                //default :break;
            }
            disp(key1);
            break;
        }

    }
}
```

第 3 章 　机电一体化实验

实验一　直流伺服电动机实验

一、实验目的

掌握直流伺服电动机的机械特性和调节特性的测量方法。

二、实验要点

（1）分析掌握直流伺服电动机的运行原理。

（2）测量直流伺服电动机的机电时间常数，并求传递函数。

三、实验项目

（1）测量直流伺服电动机的机械特性 $T=f(n)$。

（2）测量直流伺服电动机的调节特性 $n=f(U_a)$。

四、实验方法

（1）实验设备型号、名称及数量等见表 3-1-1。

（2）显示屏上挂件排列顺序：D31、D42、D51、D31、D44、D41。

（3）用伏安法测量直流伺服电动机电枢的直流电阻。测量电枢绕组直流电阻接线如图 3-1-1 所示。

① 按图 3-1-1 接线，对电阻 R，选用 D44 上电阻值分别为 1800Ω 和 180Ω 的电阻串联，总阻值为 1980Ω；安培表选用 D31，电流选用 5A 挡，开关 S 选用 D51。

表 3-1-1

序号	型号	名称	数量	备注
1	DD03	导轨、测速发电机及转速表	1个	
2	DJ15	直流并励电动机（也可选用 DJ25）	1个	当直流伺服电动机使用
3	DJ23	校正直流测功机	1个	
4	D31	直流电压表、直流毫安表、直流安培表	3个	
5	D41	三相可调电阻器	1个	
6	D44	可调电阻器、电容器	2个	
7	D42	三相可调电阻器	1个	
8	D51	波形测试及开关板	1个	
9		记忆示波器	1个	另购

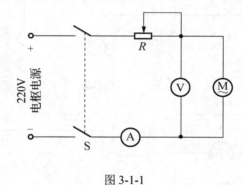

图 3-1-1

② 经检查无误后接通电枢电源，并把电压调至 220V。然后，闭合开关 S，调节 R，使电枢电流达到 0.2A，迅速测取电动机电枢两端电压 U 和电流 I，再将电动机轴分别旋转三分之一圆周和三分之二圆周。按同样步骤测量 U、I，记录于表 3-1-2 中，选取三次测量的平均值作为实际冷态电阻值。

表 3-1-2

序号	U/V	I/A	R_a/Ω	R_{aref}/Ω

③ 计算基准工作温度时的电枢电阻值。

由实验直接测得电枢绕组电阻值，此值为实际冷态电阻值，冷态温度为室温。按下式换算，得到基准工作温度时的电枢绕组电阻值。

$$R_{aref} = R_a \frac{235 + \theta_{ref}}{235 + \theta_a}$$

式中，R_{aref}——换算到基准工作温度时的电枢绕组电阻（Ω）。

R_a——电枢绕组的实际冷态电阻（Ω）。

θ_{ref}——基准工作温度，对于 E 级绝缘，基准工作温度为 75℃。

θ_a——实际冷态时电枢绕组温度（℃）。

（4）测量直流伺服电动机的机械特性。

① 按图 3-1-2 接线。图中，对 R_{f1} 选用 D44 上的电阻值为 1800Ω的电阻，对 R_{f2} 选用

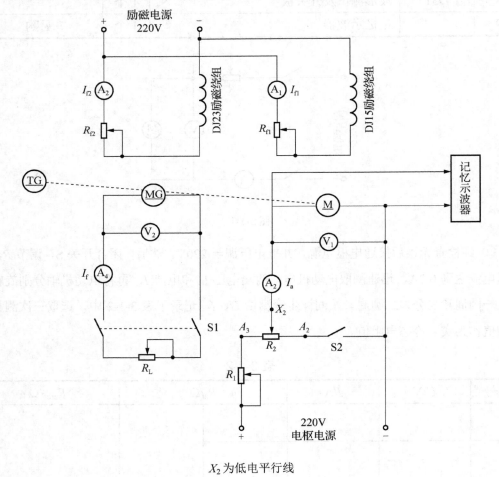

X_2 为低电平行线

图 3-1-2　直流伺服电动机接线图

D42 上的电阻值为 1800Ω的电阻；对 R_1 选用 D41 上的 6 只电阻值为 90Ω的电阻，串联后的总阻值为 540Ω；对 R_2 选用 D44 上的电阻值为 180Ω的电阻，并采用分压器接法；对 R_L 选用 D42 上的电阻值为 1800Ω的电阻，并串联一个 900Ω的电阻，然后，并联 900Ω的电阻，总阻值为 2250Ω。对开关 S1 选用 D51，对开关 S2 选用 D44，对 A_1、A_3 选用两只 D31 上的 200mA 挡，对 A2、A4 选用 D31 上的安培表。

②　把 R_{f1} 调至最小，R_1、R_2、R_L 调至最大，打开开关 S1、S2。先接通励磁电源，再接通电枢电源并调至 220V，电动机运行后把 R_1 调至最小。

③　闭合开关 S1，调节校正直流测功机 DJ23 励磁电流 I_{f2}=100mA。保持校正值不变（若选用的是 DJ25，则取 I_{f2}=50mA）。逐渐减小 R_L 值（注意：先调节 1800Ω的电阻值，调到最小后用导线短接），并增大 R_{f1} 值，使 $n=n_N$=1600r/min，$I_a=I_N$=1.2A，$U=U_N$=220V。此时，电动机励磁电流为额定励磁电流。

④　保持此额定电流不变，逐渐增加 R_L 值，从额定负载到空载（断开开关 S1），测量其机械特性 $n=f(T)$。其中，T 值可根据 I_f 值从校正曲线中查出，记录 n、I_a、I_f 的 7～8 组测量值于表 3-1-3 中。

表 3-1-3

$U=U_N$=220V，I_{f2}=_____mA，$I_f=I_{fN}$=_____mA

$n/$（r/min）							
I_a/A							
I_f/A							
$T/$（N·m）							

⑤ 电枢电压调节为 U=160V，调节 R_{f1}，保持电动机励磁电流的额定电流 $I_f=I_{fN}$，减小 R_L 值，使 I_a=1A，再增大 R_L 值，一直调到空载状态，记录 7～8 组测量值于表 3-1-4 中。

表 3-1-4

U=160V，I_{f2}=_____mA，$I_f=I_{fN}$=_____mA

n/（r/min）							
I_a/A							
I_f/A							
T/（N·m）							

⑥ 电枢电压调节为 U=110V，保持 $I_f=I_{fN}$ 不变，减小 R_L 值，使 I_a=0.8A；再增大 R_L 值，一直调到空载状态，记录 7～8 组测量值于表 3-1-5 中。

表 3-1-5

U=110V，I_{f2}=_____mA，$I_f=I_{fN}$=_____mA

n/（r/min）							
I_a/A							
I_f/A							
T/（N·m）							

五、实验报告

（1）由实验数据求得电动机参数：R_{aref}，K_e、K_T。

其中，R_{aref} 为直流伺服电动机的电枢电阻，

$K_e = \dfrac{U_{aN}}{n_0}$，即电势常数。

$K_T = \dfrac{30}{\pi} K_e$，即转矩常数。

（2）根据实验数据，作出直流伺服电动机的 3 条机械特性曲线。

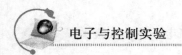

实验二 步进电动机实验

一、实验目的

（1）加深了解步进电动机的驱动电源和电动机的工作情况。

（2）测定步进电动机基本特性。

二、实验要点

（1）了解步进电动机的驱动电源和电动机工作情况。

（2）步进电动机有哪些基本特性？怎样测定？

三、实验项目

（1）了解单步运行状态。

（2）了解角位移和脉冲数的关系。

（3）测定空载最高连续工作频率。

（4）了解平均转速和脉冲频率的关系。

（5）测定矩频特性及最大静力矩特性。

四、实验线路及操作步骤

（1）实验设备型号、名称和数量见表 3-2-1。

表 3-2-1

序 号	型 号	名 称	数 量
1	D54（BSZ-1）	步进电动机控制箱	1 台
2	BSZ-1	步进电动机实验装置	1 台
3	D41	三相可调电阻器	1 件
4	D31	直流电压表、直流毫安表、直流安培表	3 件
5	—	双踪示波器	1 台

（2）显示屏上的挂件排列顺序。

D54、D31、D41

（3）基本实验电路的外部接线。

步进电动机实验接线如图 3-2-1 所示。

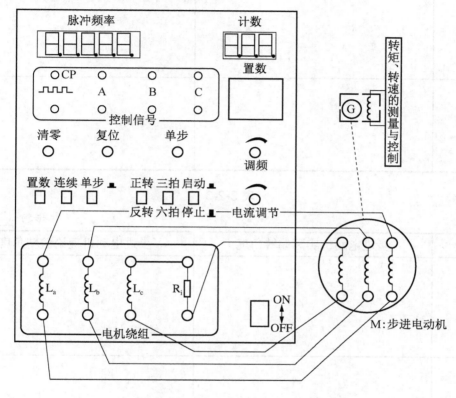

图 3-2-1

（4）步进电动机组件的使用说明及实验操作步骤。

① 单步运行状态。接通电源，将控制系统设置为单步运行状态。或复位后，按执行键，步进电动机走一步距角，绕组相应的发光管发亮。然后，不断地按执行键，步进电动机转子也不断作步进运动。若改变电动机转向，则电动机作反向步进运动。

② 角位移和脉冲数的关系。把控制系统和电源接通，设置好预置步数，按执行键，电动机运转。观察并记录电动机偏转角度，再重新设置另一个预置数值，按执行键。观察并记录电动机偏转角度于表 3-2-2 和表 3-2-3 中，并利用公式计算电动机偏转角度与实际值是否一致。

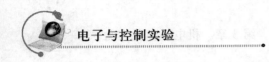

表 3-2-2

步数=_____步

序　号	步进电动机实际偏转角度	步进电动机理论偏转角度

表 3-2-3

步数=_____步

序　号	步进电动机实际偏转角度	步进电动机理论偏转角度

③ 空载最高连续工作频率的测定。待步进电动机空载连续运转后，缓慢调节速度调节旋钮使工作频率提高，仔细观察步进电动机是否不失步。若不失步，则再缓慢提高工作频率，直至步进电动机能连续运转的最高频率，则该频率为步进电动机空载最高连续工作频率。记为_____Hz。

④ 平均转速和脉冲频率的关系。接通电源，将控制系统设置为连续运行状态，再按执行键，使步进电动机连续运转。调节速度旋钮，测量频率 f 与对应的转速 n，即 $n=f(f)$。记录 5～6 组测量值于表 3-2-4 中。

表 3-2-4

序　号	f/Hz	n/（r/min）

五、实验报告

经过上述实验后，须对照实验内容写出数据总结并对电动机试验加以小结。

（1）单步运行状态：步矩角。

（2）角位移和脉冲数（步距）关系。

（3）空载最高连续工作频率。

（4）平均转速和脉冲频率的特性 $n=f(f)$。

六、思考题

（1）影响步进电动机步距的因素有哪些？对实验用步进电动机，采用何种方法时步距最小？

（2）平均转速和脉冲频率的关系怎样？为什么特别强调平均转速？

七、注意事项

步进电动机驱动系统中控制信号部分电源和功放部分电源是不同的，绝不能将电动机绕组连接到控制信号部分的端子上，或将控制信号部分端子和电动机绕组部分端子以任何形式连接。

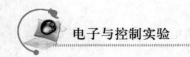

实验三　工业机器人认知实验

一、实验目的

（1）了解 UR5 型工业机器人的功能、特点、适用领域。

（2）了解 UR5 型工业机器人的一般设置方法和简单操作过程。

二、实验说明

工业机器人是一种典型的机电一体化设备，广泛应用于工业生产的诸多领域。丹麦 Universal Robots 公司生产的 UR5 型机器人是一种小型、轻便、易用的机器人（见图 3-3-1），在财力、人力和技术等方面具有显著优势。它最大的亮点是能够实现人机协作——人与机器人的安全合作，能够让员工安全地与机器人近距离一起工作。

· 机器人本体

- 6 关节
- 模块设计
- ±360° 每关节
- 3相交流伺服电动机

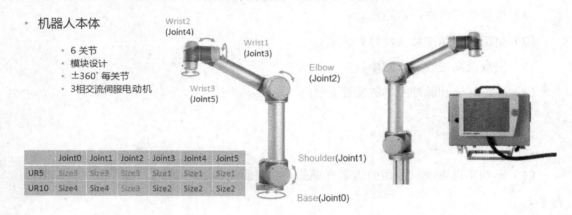

	Joint0	Joint1	Joint2	Joint3	Joint4	Joint5
UR5	Size3	Size3	Size3	Size1	Size1	Size1
UR10	Size4	Size4	Size3	Size2	Size2	Size2

图 3-3-1

本次实验让学生现场观摩 UR5 型机器人的使用过程，了解其特点及一般使用方法，以增强学生对工业机器人的了解。

三、实验内容及步骤

实验内容和具体步骤如下。

（1）连接控制箱电源，确保机器人周边没有障碍物体及人员。

（2）在机器人配套的平板显示器上，按右上方的圆键，即开机键（见图 3-3-2）。

（3）进入"初始化机器人"界面（见图 3-3-3），按住"开"按钮，机器人开始初始化并自行校正，直至 6 个关节全部显示正常后再松开。

（4）进入"机器人用户界面"（见图 3-3-4），单击"为机器人编程"按钮，在弹出的窗口中选择"安装设置"，进入 TCP 位置选项下"设置工具中心点"页面（见图 3-3-5）。TCP 指的是机器人末端执行器，依工作类型不同而各异，可能是夹爪，也可能是焊枪，而且尺寸不同。TCP 初始坐标系原点为末端关节的中心点，当安装工具后，应把原点设在工具末端位置，其值由 X,Y,Z 三个参数决定。本次实验设定 $Z=200$mm，X 和 Y 都为 0。设置好后，单击"更改运动"和"更改图形"两个按钮，使之生效。

（5）进入"移动"页面，按各个方向的指示键，观察机器人整机动作和各个关节的运动情况，观测关节移动的角度数值。调节速度值，观测运动变化情况。

（6）单击平板显示器背后上方的按钮，这时机器人进入示教模式。可以长按"示教"按钮拖动机械臂，把它移动到任何位置，观测机器人关节转角变化。松开"示教"按钮后，则不能再拖动机械臂。

（7）演示案例，示范 UR5 型机器人的实用价值和能力。这一步骤由学生自行操作，以加深印象。

四、操作示意图

操作示意如图 3-3-2～图 3-3-6 所示。按图 3-3-2 所示，开机通电；按图 3-3-3 所示，初始化机器人；按图 3-3-4 所示，进入初始化后的用户界面；按图 3-3-5 所示，设定末端执行器；按图 3-3-6 所示，手动操作机器人。

图 3-3-2

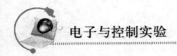

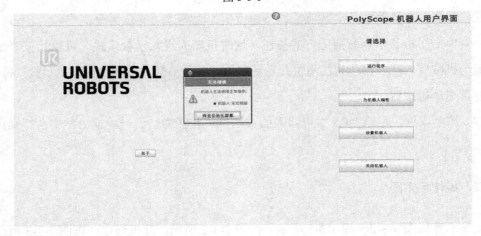

图 3-3-3

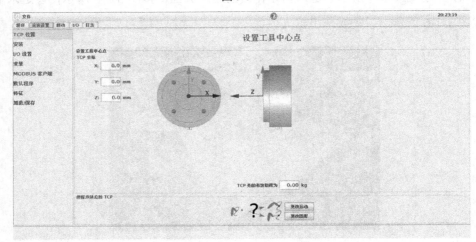

图 3-3-4

图 3-3-5

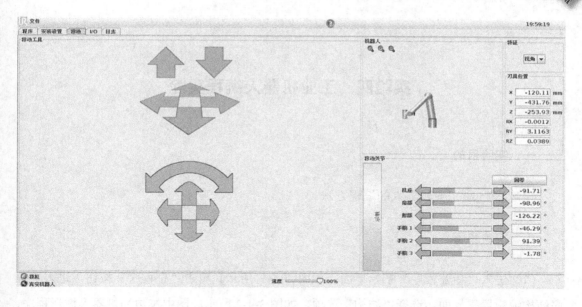

图 3-3-6

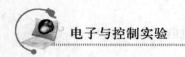

实验四 工业机器人编程实验

一、实验目的

学习 UR5 型工业机器人的编程方法。

二、实验步骤

（1）进入"新建程序"初始界面，如图 3-4-1 所示。单击"空程序"按钮，进入"程序结构编辑器"界面，选择"结构"选项，如图 3-4-2 所示，图中左边为机器人树形程序，右边为可选择主要指令。

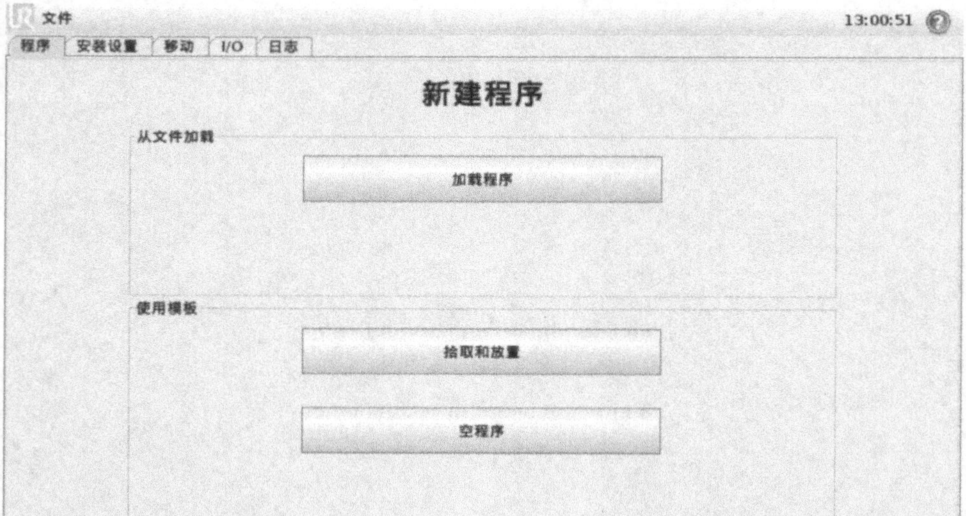

图 3-4-1

（2）单击"移动"按钮，建立一条机器人移动指令，如图 3-4-3 所示，在图右上方选择移动类型。图 3-4-4 所示的 MOVJ 指令是在不同定义的路点之间按默认的最简单路径（或轨迹）运行，路径可能是弧线；MOVL 指令使机器人末端 TCP 只能在路点之间沿直线运动。

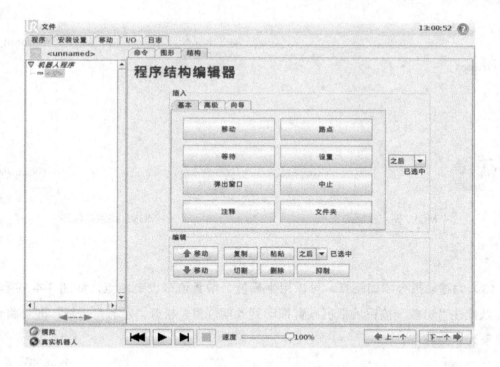

图 3-4-2

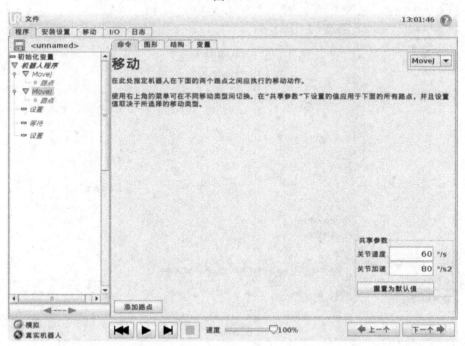

图 3-4-3

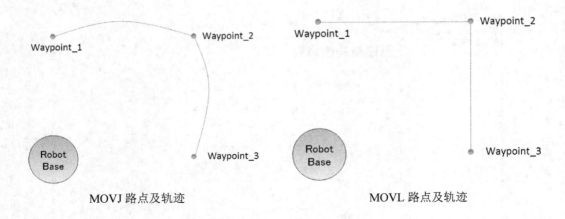

MOVJ 路点及轨迹   MOVL 路点及轨迹

图 3-4-4

（3）为移动指令添加路点，可以用坐标值、增量值来设定路点，如图 3-4-5 所示。也可以按住"示教"按钮后把机械臂拖动到预期位置，松开"示教"按钮，即可将该位置记录为一个路点。

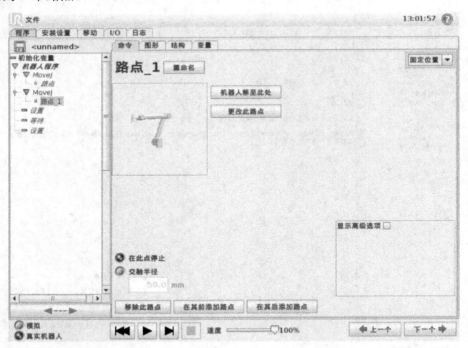

图 3-4-5

（4）对路点类型选取"可变位置"，此时可以用变量来设置路点，如图 3-4-6 所示。变量可以是绝对坐标值，也可以是沿各个坐标轴的增量值。

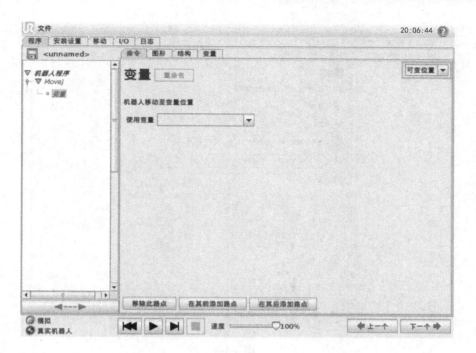

图 3-4-6

（5）在程序结构编辑器中单击"设置"按钮，在程序树中插入一个设置节点，可以设置一个数字输入量或输出量为打开或关闭状态，如图 3-4-7 所示。

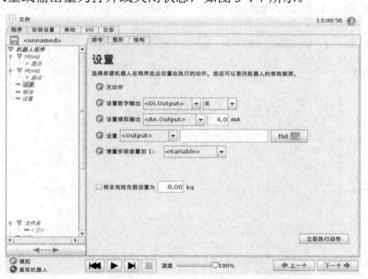

图 3-4-7

（6）在程序结构编辑器中单击"等待"按钮，在程序树中插入一个等待节点，可以设定机器人在到达一个路点后的等待时间，如图 3-4-8 所示。

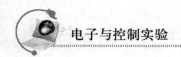

图 3-4-8

（7）配置完各个节点后，单击屏幕下方三角形运行按钮，树形程序会自上而下依次运行，并且自动循环重复。调节速度按钮，可以控制机器人的运行速度。

（8）了解机器人 I/O 接口及其应用方法。I/O 接口的设置如图 3-4-9 所示。

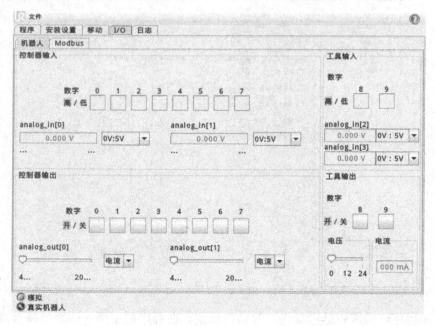

图 3-4-9

UR5 型和 UR10 型工业机器人主要参数指标如图 3-4-10 所示。

参数	UR5	UR10
负载	5 kg	10 kg
工作半径	850 mm	1300 mm
关节旋转	±360°	±360°
重复定位精度	±0.1 mm	±0.1mm
关节最大速度	180°/s	120°/s（Joint0～Joint1）and 180°/s（Joint2～Joint5）
工具端最大速度	1000 mm/s	1000 mm/s
本体重量	18.4 kg	28.9 kg
IP 等级	IP54	IP54
使用温度范围	0～50℃	0～50℃
供电	100～240V AC, 50～60Hz	100～240V AC, 50～60Hz

图 3-4-10

（9）完成一个案例任务：使用机器人末端电磁铁，从 A 处吸取一块小铁板，放在 B 处；再从 B 处吸取后放回 A 处。如此往复执行，考察可重复性。

第 4 章　机械工程测试技术实验

实验一　开关式霍尔传感器、磁电式传感器和光电式传感器测量转速实验

一、实验目的

（1）了解开关式霍尔传感器测量转速的原理。

（2）了解磁电式传感器测量转速的原理。

（3）了解光电式传感器测量转速的原理及方法。

二、实验原理

1. 开关式霍尔传感器

开关式霍尔传感器是把线性霍尔元件的输出信号经放大器放大，再经施密特电路整形成矩形波（开关信号）输出的传感器。开关式霍尔传感器测量转速的原理如图 4-1-1 所示。当被测圆盘上安装 6 个磁性体（如磁钢）时，转动盘每转一周，磁场就变化 6 次，开关式霍尔传感器就根据频率 f 的变化输出相应的信号，再经转速表显示转速 n。

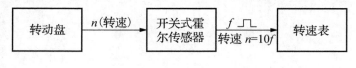

图 4-1-1

2. 磁电式传感器

磁电式传感器是一种将被测物理量转换成为感应电势的无源传感器，也称为电动式传感器或感应式传感器。根据电磁感应定律，一个匝数为 N 的线圈在磁场中切割磁力线时，穿过线圈的磁通量发生变化，线圈两端就会产生感应电势。

线圈中的感应电势：

$$e = -N\frac{\mathrm{d}\Phi}{\mathrm{d}t}$$

本实验应用动磁式磁电式传感器，实验原理如图 4-1-2 所示。当转动盘上嵌入 6 个磁钢时，转动盘每转一周，磁电式传感器的感应电势 e 产生 6 次的变化，感应电势 e 通过放大和整形，由频率表显示 f，即可得到转速 $n=10f$。

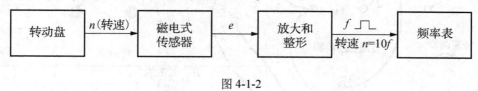

图 4-1-2

3. 光电式传感器

光电式传感器有反射型和透射型两种，本实验装置是透射型的光电断续器（也称为光耦）。传感器的端面内侧分别装有发光管和光电管，发光管发出的光源透过转动盘上的通孔后，由光电管接收并转换成电信号。由于转动盘上有均匀间隔的 6 个孔，转动时光电式传感器将获得与转速有关的脉冲数。脉冲经处理后由频率表显示 f，即可得到转速 $n=10f$。实验原理如图 4-1-3 所示。

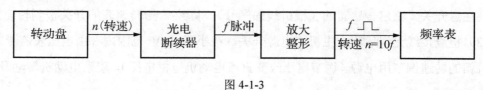

图 4-1-3

三、实验设备

主机箱中转速调节用的 0～24V 直流稳压电源、+5V 直流稳压电源、电压表、频率表/转速表；开关式霍尔传感器、磁电式传感器、光电式传感器——光电断续器（已装在转动源上）、转动源。

四、实验步骤

1. 开关式霍尔传感器测量转速

（1）根据图 4-1-4 将开关式霍尔传感器安装于霍尔架上，把该传感器的端面对准转动盘上的磁钢，并调节升降杆，使端面与磁钢之间的间隙为 2～3mm。

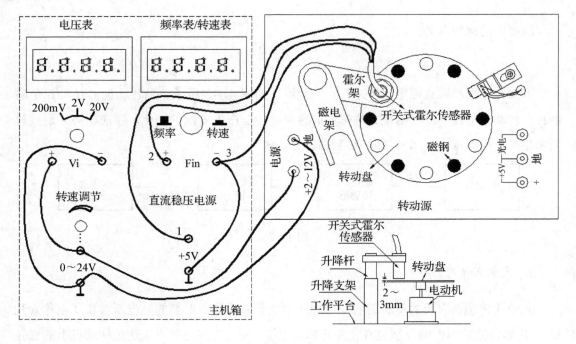

图 4-1-4

（2）将主机箱中的转速调节用的直流稳压电源的电压挡 V 旋钮调到最小（逆时针方向转到底）后，接入电压表（把电压表量程切换开关拨到20V挡）；其他接线按图 4-1-4 所示连接（注意开关式霍尔传感器的 3 根引线的序号）；将频率表/转速表的开关拨到转速挡。

（3）检查接线无误后闭合主机箱电源开关，在小于 12V 范围内（由电压表监测），调节主机箱的转速调节用电源（调节电压改变直流电动机电枢电压），观察电动机转动及转速表的显示情况。

（4）从 2V 开始记录每增加 1V 电动机相应的转速及频率数据（待电动机转速比较稳定后读取数据），并填入表 4-1-1。画出电动机的 $V\text{-}n$（电动机电枢电压与电动机转速的关系）特性曲线。实验完毕，关闭电源。

2. 磁电式传感器测量转速

除了传感器不用连接电源（传感器探头中心与转动盘上的磁钢对准），其他实验设备和实验步骤完全与开关式霍尔传感器测量转速实验相同。实验完毕，关闭电源。

3. 光电式传感器测量转速

① 将主机箱中的转速调节用电源的电压挡旋钮旋到最小（逆时针旋到底）并连接到电压表；然后再接线，将主机箱中频率表/转速表的切换开关切换到转速。

② 检查接线无误后，闭合主机箱的电源开关，在小于 12V 范围内（由电压表监测）调节主机箱的转速调节用电源（调节电压改变电动机电枢电压），观察电动机转动及转速表的显示情况。

③ 从 2V 开始记录每增加 1V 电动机相应的转速及频率数据（待转速表显示比较稳定后读取数据），并填入表 4-1-1。画出电动机的 V-n（电动机电枢电压与电动机转速的关系）特性曲线。实验完毕，关闭电源。

表 4-1-1

输入		V/V	2	3	4	5	6	7	8	9	10	11	12
输出	开关式霍尔传感器	n/(r/min)											
		f/Hz											
	磁电式传感器	n/(r/min)											
		f/Hz											
	光电式传感器	n/(r/min)											
		f/Hz											

五、思考题

（1）利用开关式霍尔传感器测量转速时被测对象需要满足什么条件？

（2）利用磁电式传感器测量很低的转速时会降低精度，甚至不能测量。如何创造条件保证磁电式传感器正常测量转速？请说明理由。

（3）试比较上述 3 种传感器测量转速的方法，分析哪种方法最简单方便。

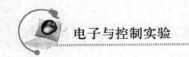

实验二　应变片单臂电桥电路、半桥电路、全桥电路性能比较实验

一、实验目的

（1）掌握电阻应变片的工作原理与应用并掌握应变片测量电路。

（2）了解应变片单臂电桥电路、半桥电路（也称为双臂电桥电路）及全桥电路工作特点及性能。

（3）比较单臂电桥电路、半桥电路、全桥电路输出时的灵敏度和非线性度，并得出相应的结论。

二、实验原理

电阻应变式传感器是在弹性元件上通过特定工艺粘贴电阻应变片而制成的。这种传感器利用电阻材料的应变效应将工程结构件的内部变形转换为电阻的变化，即通过一定的机械装置将被测量转化成弹性元件的变形，然后由电阻应变片将弹性元件的变形转换成电阻的变化，再通过测量电路将电阻的变化转换成电压或电流变化信号输出。它可用于能转化成变形量的各种非电物理量的检测，如力、压力、加速度、力矩、质量等，在机械加工、计量、建筑测量等行业应用十分广泛。

1. 应变片的电阻应变效应

所谓电阻应变效应是指具有规则外形的金属导体或半导体材料，在外力作用下产生应变时，其电阻值也会相应地改变。

2. 应变灵敏度

应变灵敏度是指电阻应变片在单位应变作用下所产生的电阻的相对变化量。

金属导体在受到应变作用时将产生电阻上的变化，例如，拉伸时电阻增大，压缩时电阻减小，且与其轴向应变成正比。金属导体的电阻应变灵敏度一般为 2 左右。

半导体材料的电阻应变效应主要体现为压阻效应，其灵敏度系数较大，一般为 $100\sim200$。

3. 贴片式应变片应用

在采用贴片式工艺的传感器上普遍应用金属箔式应变片，而贴片式半导体应变片（温漂、稳定性、线性度不好而且易损坏）很少应用。一般半导体应变片采用 N 型单晶硅为传感器的弹性元件，在它上面直接蒸镀扩散出半导体电阻应变薄膜（扩散出敏感栅），由此制成扩散型压阻式（压阻效应）传感器。

4. 金属箔式应变片的基本结构

应变片是在由苯酚、环氧树脂等绝缘材料制成的基片上，粘贴直径约为 0.025mm 的金属丝或金属箔而制成的，如图 4-2-1 所示。

本实验使用金属箔式应变片。金属箔式应变片是通过光刻、腐蚀等工艺制成的应变敏感元件，与丝式应变片的工作原理相同。

电阻丝在外力作用下发生机械变形时，其电阻值发生变化，这就是电阻应变效应。描述电阻应变效应的关系式为

$$\Delta R / R = K\varepsilon$$

式中，$\Delta R / R$ 为电阻丝的电阻值的相对变化，K 为应变灵敏系数；$\varepsilon = \Delta L / L$，表示电阻丝长度相对变化。

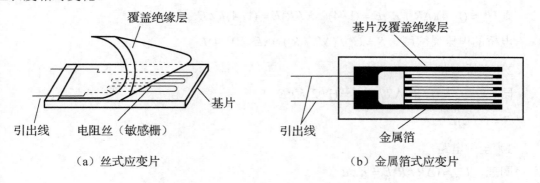

（a）丝式应变片　　　　　　　　　　（b）金属箔式应变片

图 4-2-1

5. 测量电路

为了将电阻应变式传感器的电阻变化转换成电压或电流信号，在应用中一般采用电桥电路作为其测量电路。电桥电路具有结构简单、灵敏度高、测量范围宽、线性度好且易实现温度补偿等优点，能较好地满足各种应变测量要求。因此，在应变测量中得到了广泛的应用。

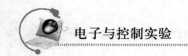

电桥电路按其工作方式分有单臂电桥、半桥和全桥三种，单臂电桥工作输出信号最小，线性、稳定性较差；半桥输出是单臂电桥的两倍，性能较单臂电桥有所改善；全桥工作时的输出是单臂电桥时的四倍，性能最好。因此，为了得到较大的输出电压信号，一般采用半桥或全桥电路。应变片测量电路如图 4-2-2 所示。

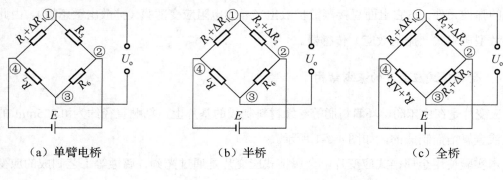

（a）单臂电桥　　　　　　　　（b）半桥　　　　　　　　（c）全桥

图 4-2-2

1）单臂电桥电路

$$U_\text{o} = U_① - U_③$$
$$= \left[(R_1 + \Delta R_1) / (R_1 + \Delta R_1 + R_5) - R_7 / (R_7 + R_6) \right] E$$
$$= \left\{ \left[(R_7 + R_6)(R_1 + \Delta R_1) - R_7(R_5 + R_1 + \Delta R_1) \right] / \left[(R_5 + R_1 + \Delta R_1)(R_7 + R_6) \right] \right\} E$$

设 $R_1 = R_5 = R_6 = R_7$，且 $\Delta R_1 / R_1 = \Delta R / R \ll 1$，$\Delta R / R = K\varepsilon$，$K$ 为灵敏度系数。

则 $U_\text{o} \approx (1/4)(\Delta R_1 / R_1)E = (1/4)(\Delta R / R)E = (1/4)K\varepsilon E$

电桥的电压灵敏度：$S = U_\text{o} / (\Delta R_1 / R_1) \approx kE = (1/4)E$

2）半桥电路

同理，$U_\text{o} \approx (1/2)(\Delta R / R)E = (1/2)K\varepsilon E$

$S = (1/2)E$

3）全桥电路

同理，$U_\text{o} \approx (\Delta R / R)E = K\varepsilon E$

$S = E$

三、实验设备

主机箱中的 ±2～±10V（步进可调）直流稳压电源、±15V 直流稳压电源、直流电压表；应变式传感器实验模板、托盘、砝码；$4\frac{1}{2}$ 位数显式万用表（自备）。

四、实验步骤

应变式传感器实验模板由应变式双孔悬臂梁载荷传感器（称重传感器）、加热器+5V 电源输入口、多芯插头、应变片测量电路、差动放大器组成。实验模板中的 R_1（位于传感器的左下方）、R_2（位于传感器的右下方）、R_3（位于传感器的右上方）、R_4（位于传感器的左上方）为称重传感器上的应变片输出口；没有文字标记的 5 个电阻符号是空的无实体，其中，4 个电阻符号组成的电桥模型是为初学者接线方便而设的；R_5、R_6、R_7 是阻值为 350Ω 的固定电阻，是为应变片组成单臂电桥、半桥而设的其他桥臂电阻。"加热器+5V"是传感器上的加热器的电源输入口，在做应变片温度影响实验时用。多芯插头是振动源的振动梁上的应变片输入口，在做应变片测量振动实验时用。

（1）将托盘安装到传感器上，如图 4-2-3 所示。

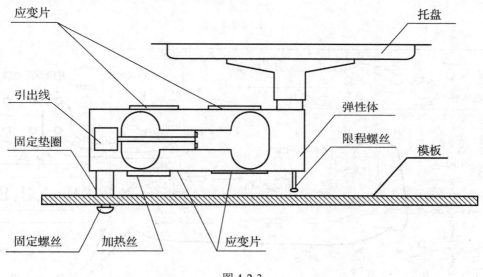

图 4-2-3

（2）测量应变片的阻值：当传感器的托盘上无重物时，分别测量 R_1、R_2、R_3、R_4 的阻值。在传感器的托盘上放置 10 只砝码后，再分别测量 R_1、R_2、R_3、R_4 的阻值变化，分析应变片的受力情况（受拉的应变片阻值变大，受压的应变片阻值变小），如图 4-2-4 所示。

（3）应变式传感器实验模板中的差动放大器调零：按图 4-2-5 接线，将主机箱上的电压表量程切换开关切换到 2V 挡，检查接线无误后闭合主机箱电源开关；调节放大器的增益电位器 R_{W3} 到合适位置（先顺时针轻轻转到底，再逆时针回转 1 圈）后，再调节实验模板上差动放大器的调零电位器 R_{W4}，使电压表显示零。

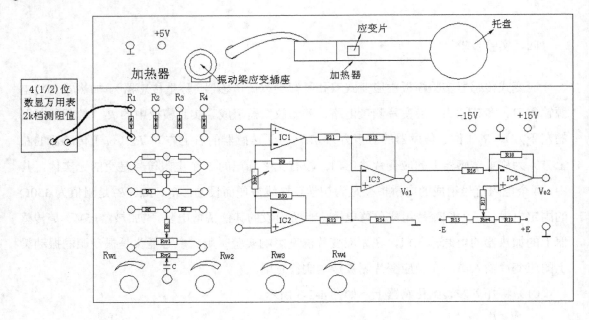

图 4-2-4

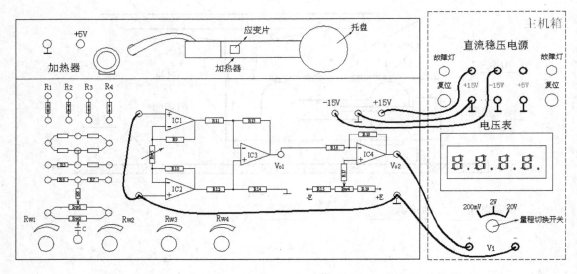

图 4-2-5

（4）应变片单臂电桥实验：关闭主机箱电源，按照单臂电桥电路接线，将±2～±10V可调电源调节到±4V挡。检查接线无误后闭合主机箱电源开关，调节实验模板上的桥路平衡电位器 R_{W1}，使主机箱电压表显示零；在传感器的托盘上依次放置一只 20g 砝码（尽量靠近托盘的中心点放置），读取相应的数显式万用表上的电压值，记下实验数据并填入表 4-2-1。

表 4-2-1

质量/g	0								
电压/mV	0								

（5）根据表 4-2-1 数据作出曲线并计算系统灵敏度 $S=\Delta V/\Delta W$（ΔV 为输出电压变化量，ΔW 为质量变化量）和非线性误差 δ，$\delta=\Delta m/y_{FS}\times100\%$ 式中 Δm 为输出值（多次测量时为平均值）与拟合直线的最大偏差：y_{FS} 满量程输出平均值，此处为 200g。实验完毕，关闭电源。

（6）应变片半桥实验：按照半桥电路接线，其他按步骤（4）。读取相应的数显式万用表上的电压值，填入表 4-2-2 中。

表 4-2-2

质量/g	0								
电压/mV	0								

（7）根据表 4-2-2 实验数据作出实验曲线，计算灵敏度 $S=\Delta V/\Delta W$ 和非线性误差 δ。实验完毕，关闭电源。

（8）应变片全桥电桥实验：接线按照全桥电路接，实验步骤与方法参照半桥电路实验，将实验数据填入表 4-2-3，作出实验曲线并进行灵敏度和非线性误差计算。实验完毕，关闭电源。

表 4-2-3

质量/g	0								
电压/mV	0								

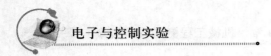

根据实验测得的单臂电桥、半桥和全桥输出时的灵敏度和非线性度，从理论上进行分析比较。经实验验证并阐述理由。注意：实验中的放大器增益必须相同。

五、思考题

（1）利用半桥测量时，两片不同受力状态的电阻应变片接入电桥时，应放在对边还是在邻边？

（2）测量中，当两组对边（R_1、R_3 为对边）电阻值 R 相同时，即 $R_1=R_3$，$R_2=R_4$，而 $R_1 \neq R_2$ 时，是否可以组成全桥？

（3）怎样应用应变片直流全桥电路做一个电子秤？

第 5 章　机械工程控制基础实验

实验一　线性系统数学模型的 MATLAB 描述

一个控制系统主要由被控对象、测量装置、控制器和执行器四大部分构成。MATLAB 软件的应用对提高控制系统的分析、设计和应用水平起着十分重要的作用。采用 MATLAB 软件仿真的关键问题之一是在 MATLAB 软件平台上怎样正确地表示被控对象的数学模型。

一、实验目的

（1）了解 MATLAB 软件的基本特点和功能。

（2）掌握线性系统被控对象的传递函数数学模型在 MATLAB 环境下的表示方法及转换。

（3）掌握多环节串联、并联、反馈连接时整体传递函数的求取方法。

（4）掌握在 Simulink 环境下系统结构图的形成方法及整体传递函数的求取方法。

（5）了解在 MATLAB 环境下求取系统的输出时域表达式的方法。

二、实验要点

（1）了解线性连续控制系统的数学模型有哪些。

（2）掌握常见数学模型的表达式。

（3）了解传递函数方框图的等效性。

三、实验内容

1. 被控对象模型的建立

在线性系统理论中，一般常用的描述系统的数学模型有以下 3 种。

（1）传递函数模型——有理多项式分式表达式。

（2）传递函数模型——零极点增益表达式。

（3）状态空间模型（系统的内部模型）——状态空间表达式。

这些模型之间都有着内在的联系，可以相互转换。

1）传递函数模型——有理多项式分式表达式

设系统的传递函数模型为

$$G(s) = \frac{C(s)}{R(s)} = \frac{b_m s^m + b_{m-1} s^{m-1} + \cdots + b_1 s + b_0}{a_n s^n + a_{n-1} s^{n-1} + \cdots + a_1 s + a_0}$$

对于线性定常系统，式中 s 的系数均为常数且 a_n 不等于零。这时系统在 MATLAB 中可以方便地通过由分子和分母各项系数构成的两个向量确定唯一值，这两个向量常用 **num** 和 **den** 表示。

$$num = [b_m, b_{m-1}, \cdots, b_1, b_0]$$
$$den = [a_n, a_{n-1}, \cdots, a_1, a_0]$$

注意：它们都是按 s 的降幂进行排列的。分子应为 m 项，分母应为 n 项。若有空缺项（系数为零的项），则在相应的位置补零。然后，写上由传递函数模型建立的函数：*sys=tf*（*num,den*）。这个传递函数在 MATLAB 平台中建立，并可以在屏幕上显示出来。

【例 5-1-1】 已知系统的传递函数描述如下：

$$G(s) = \frac{12s^3 + 24s^2 + 20}{2s^4 + 4s^3 + 6s^2 + 2s + 2}$$

在 MATLAB 命令窗口（Command Window）输入以下程序：

```
>> num=[12,24,0,20];
>> den=[2 4 6 2 2];
>> sys=tf(num,den)
```

按"Enter"键后显示结果：

```
Transfer function:
12s^3 + 24s^2 + 20
-------------------------------------------------
2s^4 + 4s^3 + 6s^2 + 2s + 2
```

同时，在 MATLAB 中建立了相应的有理多项式分式形式的传递函数模型。

【例 5-1-2】 已知系统的传递函数描述如下：

$$G(s) = \frac{4(s+2)\left(s^2+6s+6\right)^2}{s(s+1)^3\left(s^3+3s^2+2s+5\right)}$$

其中的多项式相乘项，可借助多项式乘法函数 conv 来处理。

在 MATLAB 命令窗口输入以下程序：

```
>> num=4*conv([1,2],conv([1,6,6],[1,6,6]));
>> den=conv([1,0],conv([1,1],conv([1,1],conv([1,1],[1,3,2,5]))));
>> sys=tf(num,den)
```

按 "Enter" 键后显示结果：

```
Transfer function:
   4s^5 + 56s^4 + 288s^3 + 672s^2 + 720s + 288
   ---------------------------------------------------------------------
s^7 + 6s^6 + 14s^5 + 21s^4 + 24s^3 + 17s^2 + 5s
```

同时在 MATLAB 中建立了相应的有理多项式分式形式的传递函数模型。

2）传递函数模型——零极点增益表达式

零极点增益模型为

$$G(s) = K\frac{(s-z_1)(s-z_2)\cdots(s-z_m)}{(s-p_1)(s-p_2)\cdots(s-p_n)}$$

式中，K 为零极点增益，z_i 为零点，p_j 为极点。该模型在 MATLAB 中，可用[z,p,k]矢量组表示，即 $z=[z_1,z_2,\cdots z_m]$；$p=[p_1,p_2,\cdots,p_n]$；$k=[K]$；然后，在 MATLAB 中写上由零极点增益形式的传递函数模型建立的函数：sys=zpk（z,p,k）。这个零极点增益模型便在 MATLAB 平台中被建立。

【例 5-1-3】　已知系统的零极点增益模型：

$$G(s) = \frac{6(s+3)}{(s+1)(s+2)(s+5)}$$

在 MATLAB 命令窗口输入以下程序：

```
>> z=[-3]; p=[-1,-2,-5]; k=6;
>> sys=zpk(z,p,k)
Zero/pole/gain:
      6 (s+3)
-----------------
(s+1) (s+2) (s+5)
```

则在 MATLAB 中建立了这个零极点增益的模型。

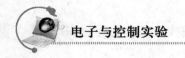

3）状态空间模型——状态空间表达式

状态方程与输出方程的组合称为状态空间表达式，又称为动态方程，具体如下：

$$\dot{x} = Ax + Bu$$
$$y = Cx + Du$$

则在 MATLAB 中建立状态空间模型的程序如下：

```
>> A=[A];
>> B=[B];
>> C=[C];
>> D=[D];
>> sys=ss(A,B,C,D)
```

2. 不同模型的相互转换

不同模型相互转换的函数：

（1）tf2zp：有理多项式分式传递函数模型转换为零极点增益模型。

格式为[z,p,k]=tf2zp（num,den）

（2）zp2tf：零极点增益模型转换为有理多项式分式传递函数模型。

格式为[num,den]=zp2tf（z,p,k）

（3）ss2tf：状态空间模型转换为有理多项式分式传递函数模型。

格式为[num,den]=ss2tf（a,b,c,d）

（4）tf2ss：有理多项式分式传递函数模型转换为状态空间模型。

格式为[a,b,c,d]=tf2ss（num,den）

（5）zp2ss：零极点增益模型转换为状态空间模型。

格式为[a,b,c,d]=zp2ss（z,p,k）

（6）ss2zp：状态空间模型转换为零极点增益模型。

格式为[z,p,k]=ss2zp（a,b,c,d）

3. 环节串联、并联、反馈连接时等效的整体传递函数的求取

1）串联

串联情况如图 5-1-1 所示。

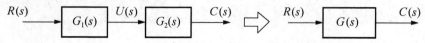

图 5-1-1

在 MATLAB 中求取整体传递函数的功能，采用如下的语句或函数来实现。

```
G=G1*G2
G=series (G1,G2)
[num,den]=series (num1,den1,num2,den2)
```

【例 5-1-4】　两环节 $G_1(s)$、$G_2(s)$ 串联，求等效的整体传递函数 $G(s)$。

解：（1）第一步运行程序。

```
>> n1=2;d1=[1 3]; n2=7;d2=[1 2 1]; G1=tf(n1,d1); G2=tf(n2,d2); G=G1*G2
```

运行结果：

```
Transfer function:
14
---------------------
s^3 + 5 s^2 + 7 s + 3
```

（2）第二步运行程序。

```
>>n1=2;d1=[1 3];n2=7;d2=[1 2 1];G1=tf(n1,d1);G2=tf(n2,d2);G=series(G1,G2)
Transfer function:
14
---------------------
s^3 + 5 s^2 + 7 s + 3
```

（3）第三步运行程序。

```
>>n1=2;d1=[1 3];n2=7;d2=[1 2 1];G1=tf(n1,d1);G2=tf(n2,d2);
>> [n,m]=series(n1,d1,n2,d2)
n = 0 0 0 14
m = 1 5 7 3
```

2）并联

并联情况如图 5-1-2 所示。

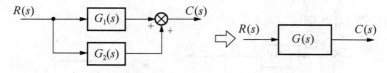

图 5-1-2

在 MATLAB 中求取整体传递函数的功能，采用如下的语句或函数来实现。

```
G=G1+G2
G= parallel (G1,G2)
[num,den]= parallel (num1,den1,num2,den2)
```

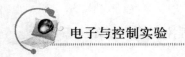

【例 5-1-5】 两环节 $G_1(s)$、$G_2(s)$ 并联，求等效的整体传递函数 $G(s)$。

$$G_1(s) = \frac{2}{s+3}, \qquad G_2(s) = \frac{7}{s^2+2s+1}$$

解：（1）第一步运行程序。

```
>> n1=2;d1=[1 3];n2=7;d2=[1 2 1];G1=tf(n1,d1);G2=tf(n2,d2);G1+G2
```

运行结果：

```
Transfer function:
2 s^2 + 11 s + 23
----------------------------
s^3 + 5 s^2 + 7 s + 3
```

（2）第二步运行程序。

```
>> n1=2;d1=[1 3];n2=7;d2=[1 2 1];G1=tf(n1,d1);G2=tf(n2,d2);G=parallel(G1,G2)
```

运行结果：

```
Transfer function:
2 s^2 + 11 s + 23
--------------------------
s^3 + 5 s^2 + 7 s + 3
```

（3）第三步运行程序。

```
>> n1=2;d1=[1 3];n2=7;d2=[1 2 1]; [n,d]=parallel (n1,d1,n2,d2)
```

运行结果：

```
n = 0 2 11 23
d = 1 5 7 3
```

3）反馈

反馈电路如图 5-1-3 所示。

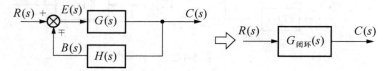

图 5-1-3

在 MATLAB 中采用如下的语句或函数来求取闭环传递函数 $G_{闭环}(s)$。

```
G= feedback (G1,G2,sign)
```

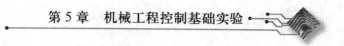

```
[num,den]=feedback (num1,den1,num2,den2,sign)
G= cloop (G1, sign)
[numc,denc]=cloop (num,den,sign)
```

这里，当 sign=1 时，采用正反馈；当 sign=-1 时，采用负反馈；当 sign 缺省时，默认为负反馈。其中，G2；num2，den2；对应 H(s)。（3）和（4）步骤只用于单位反馈系统。

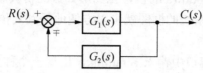

【例 5-1-6】 已知闭环传递函数。其两环节 $G_1(s)$ 和 $G_2(s)$ 分别为 $G_1(s)=\dfrac{3s+100}{s^2+2s+81}$，$G_2(s)=\dfrac{2}{2s+5}$。

解：

（1）第一步运行程序。

```
>> n1=[3 100] ;d1=[1 2 81];n2=2;d2=[2 5];
>>G1=tf(n1,d1);G2=tf(n2,d2);G=feedback(G1,G2,-1)
```

运行结果一：

```
Transfer function:
6 s^2 + 215 s + 500
------------------------------------
2 s^3 + 9 s^2 + 178 s + 605
b:
>> n1=[3 100] ;d1=[1 2 81];n2=2;d2=[2 5];
G1=tf(n1,d1);G2=tf(n2,d2);G=feedback(G1,G2,1)
```

运行结果二：

```
Transfer function:
6 s^2 + 215 s + 500
---------------------------
2 s^3 + 9 s^2 + 166 s + 205
```

（2）第二步运行程序。

```
num1=[3 100];den1=[1 2 81];num2=2;den2=[2 5];
[num,den]=feedback(num1,den1,num2,den2,-1)
num =
0 6 215 500
```

```
den =
2  9  178  605
```

4. 系统采用复杂连接时等效的整体传递函数的求取

Siumlink 软件是基于 Windows 的模型化图形如数的仿真软件，是 MATLAB 软件的拓展，在 Siumlink 环境下输入系统的框图就可以方便地得到其传递函数。

1）系统框图的输入

（1）在 MATLAB 命令窗口中输入 Simulink，出现一个称为 Simulink Library Browser 的窗口，它提供构造框图（或其他仿真图形界面）的模块。

（2）在 MATLAB 主窗口对 File\New\Model 操作，打开模型文件窗口，在此窗口上，构造框图。

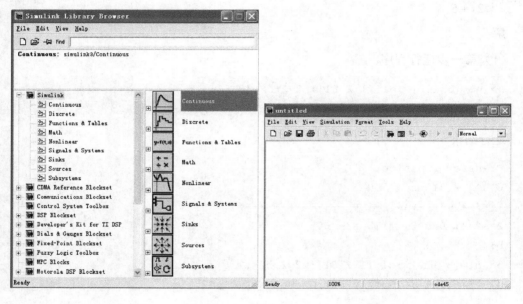

图 5-1-4

（3）以图 5-1-5 所示的系统为例，介绍构造框图的各模块录入方法和设置方法。

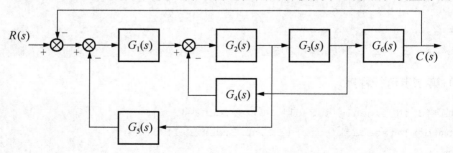

图 5-1-5

图中，$G_1(s)=\dfrac{1}{s+1}$，$G_2(s)=\dfrac{4}{s}$，$G_3(s)=\dfrac{6}{2s+1}$，$G_4(s)=\dfrac{4s+1}{3s}$，$G_5(s)=\dfrac{4}{5s+1}$，$G_6(s)=\dfrac{1}{s}$。

① 录入各传递函数框图。在 Simulink Library Browser 的窗口打开 Simulink→Continuous 子库，将 Transfer Fcn 模块复制到（或拖拽到）模型文件窗口，共复制 6 个框图，分别放到相应位置。传递函数是积分环节的，也可以复制 Integrator 模块。

$$\boxed{\dfrac{1}{s+1}}\quad \text{Transfer Fcn}\qquad \boxed{\dfrac{1}{s}}\quad \text{Integrator}$$

② 录入相加点。在 Simulink Library Browser 的窗口打开 Simulink→Math 子库，将 Sum 模块复制到（或拖拽到）模型文件窗口，共复制 3 个相加点，分别放到相应位置。

$$\oplus\qquad \text{Sum}$$

③ 录入输入点与输出点标记。

打开 Simulink→Sources 子库，将 In1 模块（输入点）复制到（或拖拽到）模型文件窗口，放到相应位置。

打开 Simulink→Sinks 子库，将 Out1 模块（输出点）复制到（或拖拽到）模型文件窗口，放到相应位置。

$$\text{①}\quad \text{In1}\qquad \text{①}\quad \text{Out1}$$

④ 连接各框图（环节）。在模型文件窗口上，按箭头方向从起点到终点按住鼠标左键，连接框图。

传递函数框图有信号的输入点和输出点标记，画图不方便时，可以修改原来的方向。右击方框图，在出现的浮动菜单上，进行如图 5-1-6 所示的选择，即可实现框图旋转。

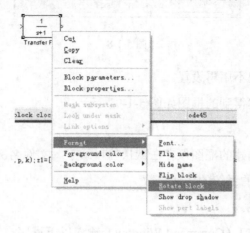

图 5-1-6

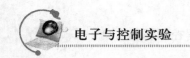

还可以对框图加阴影、改颜色、增加或取消修改名称注释及其位置等。其他模块也有这些功能。

⑤ 双击各模块，在参数设定窗口，设置模块参数，如图 5-1-7 所示。框图是用来所确定表示的具体传递函数。

图 5-1-7

相加点是用来确定图形标记是圆形的还是方形的，并确定有几个需要相加的输入信号及信号极性，如图 1-1-8 所示。

图 5-1-8

输入点与输出点标记不用再设置。

在模型文件窗口构建得到的框图如图 5-1-9 所示。

2）保存构建的框图

自定义文件名，将构建的框图保存在默认的目录下。文件名例子:cdhs。

3）求取用框图表示的系统的传递函数

（1）有理多项式形式。

在 MATLAB 命令窗口（Command Window）输入以下程序：

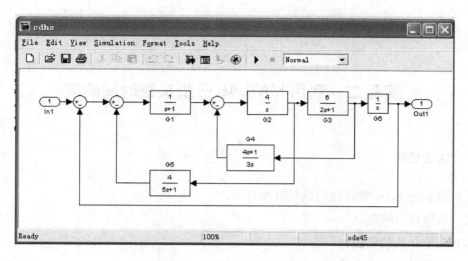

图 5-1-9

```
>> [n,d]=linmod ('cdhs')
```

注：' '中是自定的文件名。

运行结果：

```
Returning transfer function model
n =   0      0.0000      0        0.0000     12.0000    2.4000     0.0000
d =1.0000   1.7000    16.8000    26.5000    21.6000    3.2000     0.0000
```

（2）零极点增益模型。

在 MATLAB 命令窗口（Command Window）输入以下程序：

```
>> [a,b,c,d]=linmod2('cdhs');G=ss(a,b,c,d);G1=ZPK(G)
```

运行结果（一）：

```
Zero/pole/gain:
                  12 s (s+0.2)
---------------------------------------------------------------------
s (s+0.1855) (s^2 + 1.521s + 1.12) (s^2 - 0.006824s + 15.41)
>> G2=minreal(G1)
```

运行结果（二）：

```
Zero/pole/gain:
                  12 (s+0.2)
---------------------------------------------------------------------
(s+0.1855) (s^2 + 1.521s + 1.12) (s^2 - 0.006824s + 15.41)
```

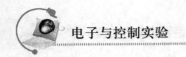

实验二　利用 MATLAB 分析系统时间响应

一、实验目的

（1）用 MATLAB 进行控制系统时域分析。

（2）典型环节响应。

（3）判断系统稳定性。

（4）分析系统的动态特性。

二、预习要点

（1）系统的典型响应有哪些？

（2）系统的动态性能指标有哪些？

三、实验内容和步骤

1. 实验内容

（1）阶跃响应。阶跃响应常用格式：

① step(sys)；其中，sys 可以为连续系统，也可为离散系统。

② step(sys, T_n)；表示时间范围 $0 \sim T_n$。

③ step(sys, T)；表示时间范围向量 T。

④ $Y = $ step(sys, T)；可详细了解某段时间的输入、输出情况。

（2）脉冲响应。

脉冲函数在数学上的精确定义：

$$\int_0^\infty f(x)\mathrm{d}x = 1$$
$$f(x) = 0, \quad t > 0$$

其拉普拉斯变换为

$$f(s) = 1$$
$$Y(s) = G(s)f(s) = G(s)$$

因此，脉冲响应即传递函数的反拉普拉斯变换。

脉冲响应函数常用格式：

① impulse(sys)；

② impulse(sys, T_n);
impulse(sys, T);

③ $Y = \text{impulse}(sys, T)$

（3）系统的动态特性分析。

MATLAB 提供了求取连续系统的单位阶跃响应函数 step、单位脉冲响应函数 impulse、零输入响应函数 initial 以及任意输入下的仿真函数 lsim。

2. 实验步骤一：阶跃响应

1）二阶系统 $G(s) = \dfrac{10}{s^2 + 2s + 10}$

（1）输入程序，观察并记录单位阶跃响应曲线。

（2）计算系统的闭环根、阻尼比、无阻尼振荡频率。

（3）观察并记录实际测取的峰值大小、峰值时间及过渡过程时间。

（4）修改参数，分别实现 $\xi = 1$ 和 $\xi = 2$ 的响应曲线，并记录。

（5）修改参数，分别写出程序实现 $\omega_{n1} = \dfrac{1}{2}\omega_0$ 和 $\omega_{n2} = 2\omega_0$ 的响应曲线，并做记录。

解：（1）单位阶跃响应曲线。

```
num=[10];den=[1 2 10];step(num,den);
title('Step Response of G(s)=10/(s^2+2s+10)');
```

二阶系统 $G(s) = \dfrac{10}{s^2 + 2s + 10}$ 的单位阶跃响应曲线如图 5-2-1 所示。

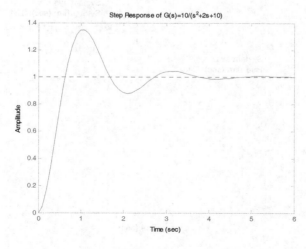

图 5-2-1

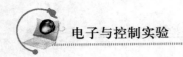

（2）计算系统的闭环根、阻尼比、无阻尼振荡频率。

```
num=[10];den=[1 2 10];G=tf(num,den);
[ωn,z,p]=damp(G)
```

运行结果：

```
ωn =
    3.1623
    3.1623
z =
    0.3162
    0.3162
p =
  -1.0000 + 3.0000i
  -1.0000 - 3.0000i
```

根据上面的计算结果，可得系统的闭环根 $s = -1 \pm 3i$，阻尼比 $\xi = 0.3162$，无阻尼振荡频率 $\omega_n = 3.1623$。

（3）观察并记录实际测取的峰值大小、峰值时间及过渡过程时间。

2） $G(s) = \dfrac{10}{s^2 + 2s + 10}$

单位阶跃响应曲线（附峰值等参数）如图 5-2-2 所示。

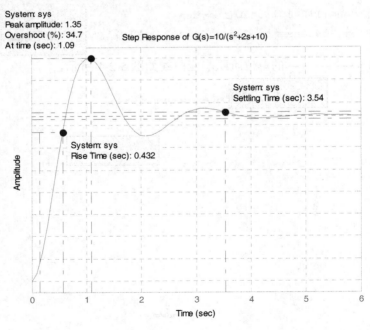

图 5-2-2

（1）kosi=1 时的阶跃响应曲线。

```
ωn=sqrt(10);
kosi=1;
G=tf([ωn*ωn],[1 2*kosi*ωn ωn*ωn]);
step(G);
title('Step Response of kosi=1');
```

kosi=1 时的阶跃响应曲线如图 5-2-3 所示。

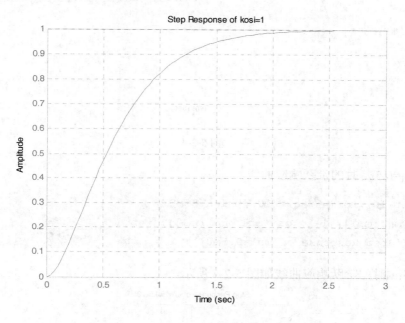

图 5-2-3

（2）kosi=2 时的阶跃响应曲线。

```
ωn=sqrt(10);kosi=2;
G=tf([ωn*ωn],[1 2*kosi*ωn ωn*ωn]);step(G);
title('Step Response of kosi=2');
```

kosi=2 时的阶跃响应曲线如图 5-2-4 所示。

当 ω_n 不变时，由 $\xi=1$ 和 $\xi=2$ 时的响应曲线可归纳出以下结论：

① 平稳性，由曲线看出，阻尼系数 ξ 升高，超调量下降，响应的振荡下降，平稳性好；反之，ξ 下降，振荡升高，平稳性差。

② 快速性，ξ 升高，t_s 升高，快速性差；反之，ξ 下降，t_s 下降；但 ξ 过小，系统响应的起始速度较快，振荡强烈，影响系统稳定。

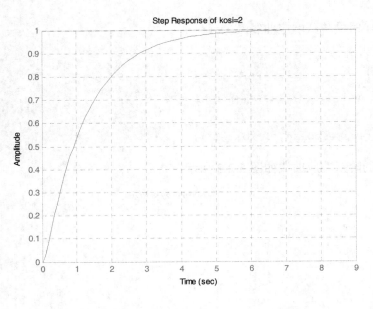

图 5-2-4

（3）$\omega_{n1}=0.5\omega_0$ 时的阶跃响应曲线。

```
ω0=sqrt(10);kosi=1/sqrt(10);ωn1=0.5*ω0;
G=tf([ωn1*ωn1],[1 2*kosi*ωn1 ωn1*ωn1]);step(G);
title('Step Response of ωn1=0.5ω0');
```

$\omega_{n1}=0.5\omega_0$ 时的阶跃响应曲线如图 5-2-5 所示。

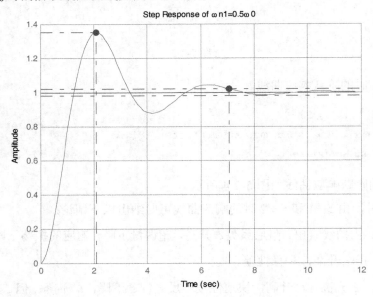

图 5-2-5

（4）$\omega_{n2}=2\omega_0$ 时的阶跃响应曲线。

```
ω0=sqrt(10);kosi=1/sqrt(10);ωn2=2*ω0;
G=tf([ωn2*ωn2],[1 2*kosi*ωn2 ωn2*ωn2]);
step(G);
title('Step Response of ωn2=2ω0');
```

$\omega_{n2}=2\omega_0$ 时的阶跃响应曲线如图 5-2-6 所示。

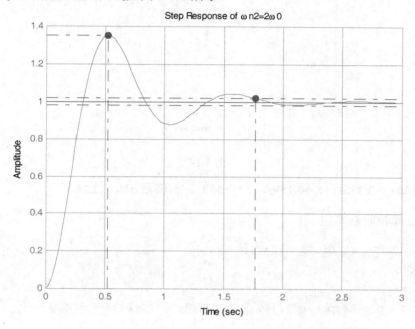

图 5-2-6

无脉冲响应结论：当 ξ 值一定时，ω_n 升高，t_s 下降。因此，ω_n 越大，快速性越好。

3. 实验步骤二：系统动态特性分析

用 MATLAB 求二阶系统 $G(s)=\dfrac{120}{s^2+12s+120}$ 和 $G(s)=\dfrac{0.01}{s^2+0.002s+0.01}$ 的峰值时间 t_p 上升时间 t_r 调整时间。t_s 超调量 $\sigma\%$。$G(s)=\dfrac{120}{s^2+12s+120}$ 阶跃响应曲线如图 5-2-7 所示。

（1）G1 阶跃响应。

```
G1=tf([120],[1 12 120]);
step(G1);
grid on;
title(' Step Response of G1(s)=120/(s^2+12s+120)');
```

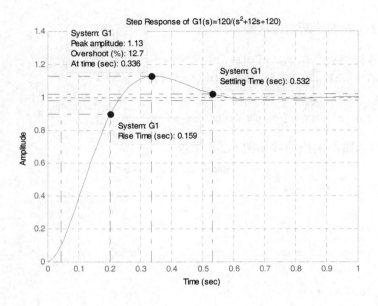

图 5-2-7

由图可知 t_p =0.336s，t_r =0.159s，t_s =0.532s，超调量 $\sigma\%$ =12.7%。

（2）G2 单位阶跃响应。

```
G2=tf([0.01],[1 0.002 0.01]);
step(G2);
grid on;
title(' Step Response of G2(s)=0.01/(s^2+10.002s+0.01)');
```

$G(s)=\dfrac{0.01}{s^2+0.002s+0.01}$ 的阶跃响应曲线如图 5-2-8 所示。

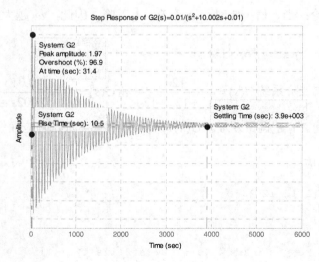

图 5-2-8

实验三　利用 MATLAB 分析频率响应

一、实验目的

（1）利用计算机作出开环系统的波特图。

（2）观察记录控制系统的开环频率特性。

（3）控制系统的开环频率特性分析。

二、预习要点

（1）预习波特（Bode）图和奈奎斯特（Nyquist）图的画法。

（2）预习映射定理的内容。

三、实验内容

1. 奈奎斯特图（幅相频率特性图）

（1）对于频率特性函数 $G(j\omega)$，给出 ω 从负无穷到正无穷的一系列数值，分别求出 $\text{Im}[G(j\omega)]$ 和 $\text{Re}[G(j\omega)]$。以 $\text{Re}[G(j\omega)]$ 为横坐标，$\text{Im}[G(j\omega)]$ 为纵坐标绘制极坐标频率特性图。

MATLAB 提供了函数 Nyquist() 绘制系统的极坐标图，其用法如下：

（2）Nyquist(a,b,c,d)：绘制出系统的一组 Nyquist 曲线，每条曲线对应连续状态空间系统[a,b,c,d]的输入/输出组合对。其中，频率范围由函数自动选取，而且在响应快速变化的位置会自动采用更多取样点。

（3）Nyquist(a,b,c,d,i_u)：可得到从系统第 i_u 个输入到所有输出的极坐标图。

（4）Nyquist(num,den)：可绘制出以连续时间多项式传递函数表示的系统的极坐标图。

（5）Nyquist(a,b,c,d,i_u,ω)或 Nyquist(num,den,ω)：可利用指定的角频率矢量绘制出系统的极坐标图。

（6）当不带返回参数时，直接在屏幕上绘制出系统的极坐标图（图上用箭头表示 ω 的变化方向，即从负无穷到正无穷）。当带输出变量[Re,Im,ω]引用函数时，可得到系统频率特性函数的实部 Re 和虚部 Im 及角频率点 ω 矢量（为正的部分）。可以用 plot(Re,Im)绘制出对应 ω 从负无穷到零变化的部分。

2. 波特图（对数频率特性图）

对数频率特性图包括了对数幅频特性图和对数相频特性图。横坐标为频率ω，采用对数分度，单位为弧度/秒；纵坐标均匀分度，分别为幅值函数 $20\lg A(\omega)$，单位为 dB；相角单位为（°）。

MATLAB 提供了函数 Bode()来绘制系统的波特图，其用法如下：

（1）Bode(a,b,c,d,i_u)：可得到从系统第 i_u 个输入到所有输出的波特图。

Bode(a,求取系统对数频率特性图：Bode()

求取系统奈奎斯特图（幅相频率图或极坐标图）：nyquist(a,b,c,d)：自动绘制出系统的一组 Bode 图，它们是针对连续状态空间系统[a,b,c,d]的每个输入的 Bode 图。其中，频率范围由函数自动选取，而且在响应快速变化的位置会自动采用更多取样点。

（2）Bode(num,den)：可绘制出以连续时间多项式传递函数表示的系统的波特图。

（3）Bode(a,b,c,d,i_u,ω)或 Bode(num,den,ω)：可利用指定的角频率矢量绘制出系统的波特图。

（4）当带输出变量[mag,pha,ω]或[mag,pha]引用函数时，可得到与系统波特图对应的幅值 mag、相角 pha 及角频率点ω矢量或只是返回幅值与相角。相角以度为单位，幅值可转换为分贝单位：magdB=20×log10(mag)。

3. 利用 MATLAB 作 Bode 图

要求：画出对应 Bode 图，并加标题。

（1）$G(s) = \dfrac{25}{s^2 + 4s + 25}$。

（2）$G(s) = \dfrac{9(s^2 + 0.2s + 1)}{s(s^2 + 1.2s + 9)}$。

式（1）的 MATLAB 计算程序如下：

```
sys=tf([25],[1 4 25]);figure(1);bode(sys);
title('实验3.1 Bode Diagram of G(s)=25/（s^2+4s+25）');
```

式（2）的 MATLAB 计算程序如下：

```
sys=tf([9 1.8 9],[1 1.2 9 0]);
figure(1);
bode(sys);
grid on;
title('实验3.1 Bode Diagram of G(s)=9（s^2+0.2s+1)/[s（s^2+1.2s+9）]');
```

式（1）和式（2）的 Bode 图分别如图 5-3-1 和图 5-3-2 所示。

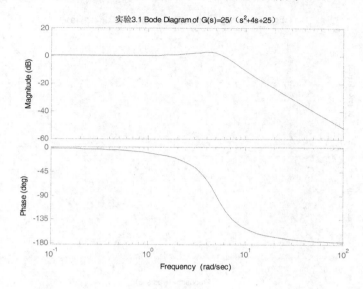

实验3.1 Bode Diagram of G(s)=25/（s²+4s+25）

图 5-3-1

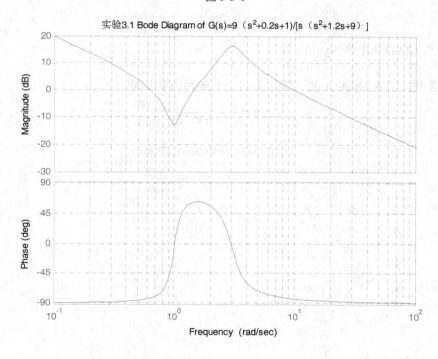

实验3.1 Bode Diagram of G(s)=9（s²+0.2s+1)/[s（s²+1.2s+9）]

图 5-3-2

MATLAB 计算程序如下：

```
sys=tf([9 1.8 9],[1 1.2 9 0]); w=logspace(-2,3,100);figure(1);bode(sys,w); grid on;
title('实验 3.1 Bode Diagram of G(s)=9（s^2+0.2s+1)/[s（s^2+1.2s+9）]');
```

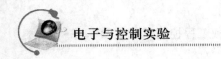

扩大坐标的 Bode 图如图 5-3-3 所示。

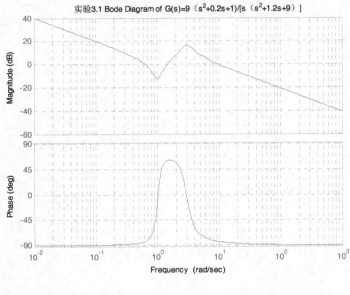

图 5-3-3

4. 利用 MATLAB 作 Nyquist 图

要求画出对应的 Nyquist 图（图 5-3-4），并加网格和标题。

$$G(s) = \frac{1}{s^2 + 0.8s + 1}$$

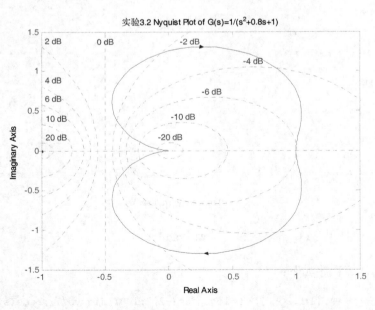

图 5-3-4

MATLAB 计算程序如下：

```
sys=tf([1],[1 0.8 1]);
figure(1);
nyquist(sys);
grid on;
title('实验3.2 Nyquist Plot of G(s)=1/(s^2+0.8s+1)');
```

5. 典型二阶系统 $G(s) = \dfrac{\bar{\omega}_n^2}{s^2 + 2\xi\bar{\omega}_n s + \bar{\omega}_n^2}$

试绘制 ξ 取不同值时的 Bode 图。当 $\bar{\omega}_n = 6$，$\xi = [0.1:0.1:1.0]$ 时，利用 MATLAB 绘图过程如图 5-3-5 所示。

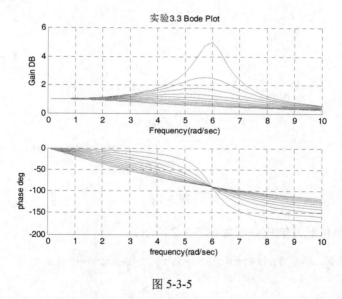

图 5-3-5

6. 某开环传递函数为 $G(s) = \dfrac{50}{(s+5)(s-2)}$

试绘制系统的 Nyquist 曲线，并判断闭环系统稳定性，最后求出闭环系统的单位脉冲响应曲线。

绘制系统的 Nyquist 曲线，如图 5-3-6 所示。

```
z=[];
p=[-5 2];
k=50;
sys=zpk(z,p,k);
figure(1);
```

```
nyquist(sys);
grid on;
title('实验3.4 Nyquist Plot of G(s)=50/[(s+5)(s-2)]');
```

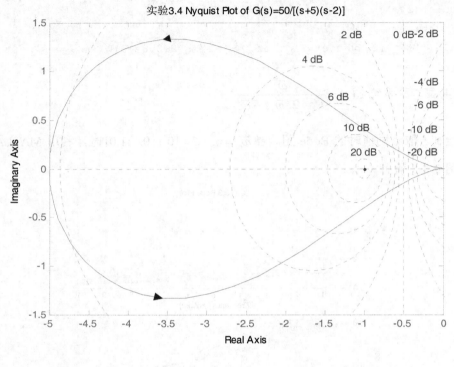

图 5-3-6

闭环系统的单位脉冲响应曲线如图 5-3-7 所示。

```
z=[];p=[-5 2];k=50;sys=zpk(z,p,k);sys2=feedback(sys,1,-1);impulse(sys2)
grid on;
title('实验3.4 闭环 Impulse Response of G(s)=50/[(s+5)(s-2)]');
```

7. 其他

$$G(s) = \frac{1}{T^2 s^2 + 2\zeta Ts + 1}, \quad \begin{cases} T = 0.1 \\ \zeta = 2, \quad 1, \quad 0.5, \quad 0.1 \end{cases}$$

作波特图（见图 5-3-8）。

```
kosi1=2;kosi2=1;kosi3=0.5;kosi4=0.1;
num=0.01;den1=[0.01 0.2*kosi1 1]; den2=[0.01 0.2*kosi2 1];
den3=[0.01 0.2*kosi3 1]; den4=[0.01 0.2*kosi4 1];
G1=tf(num,den1); G2=tf(num,den2);
```

```
G3=tf(num,den3); G4=tf(num,den4);
bode(G1,G2,G3,G4);grid on;
title('实验3.5 G(s) 波特曲线簇');
```

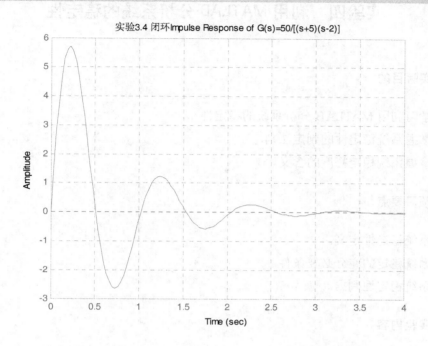

图 5-3-7

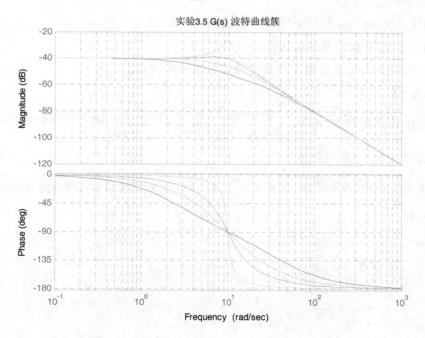

图 5-3-8

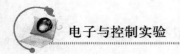

实验四 利用 MATLAB 分析系统的稳定性

一、实验目的

（1）学习利用 MATLAB 分析系统的稳定性。

（2）掌握系统稳定性的判定法则。

（3）掌握系统稳定裕度的含义。

二、预习要点

（1）系统稳定性定义。

（2）系统稳定的充分必要条件。

（3）系统稳定性判据。

三、实验内容

分析系统稳定性。

① 利用 PZmap 绘制连续系统的零极点图。

② 利用 TF2ZP 求出系统零极点。

③ 通过利用 roots 求分母多项式的根确定系统的极点。

【例 5-4-1】

（1）系统传递函数为 $G(s) = \dfrac{3s^4 + 2s^3 + 5s^2 + 4s + 6}{s^5 + 3s^4 + 4s^3 + 2s^2 + 7s + 2}$，试判断其稳定性。

解：编写 MATLAB 计算程序。

```
num=[3 2 5 4 6];den=[1 3 4 2 7 2];G=tf(num,den);PZmap(G);p=roots(den)
```

运行结果：

```
p =
  -1.7680 + 1.2673i
  -1.7680 - 1.2673i
   0.4176 + 1.1130i
   0.4176 - 1.1130i
  -0.2991
```

由计算结果可知，该系统的 2 个极点具有正实部，故系统不稳定。零极点分布如图 5-4-1 所示。

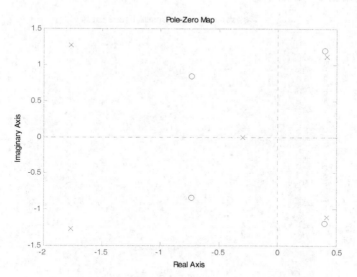

图 5-4-1

（2）利用 MATLAB 求出 $G(s) = \dfrac{s^2 + 2s + 2}{s^4 + 7s^3 + 3s^2 + 5s + 2}$ 的极点。

解：求取极点。

```
num=[1 2 2];den=[1 7 3 5 2];p=roots(den)
```

运行结果：

```
p =
 -6.6553
  0.0327 + 0.8555i
  0.0327 - 0.8555i
 -0.4100
```

故 $G(s) = \dfrac{s^2 + 2s + 2}{s^4 + 7s^3 + 3s^2 + 5s + 2}$ 的极点 $s_1 = -6.6553$, $s_2 = 0.0327 + 0.8555i$,

$s_3 = 0.0327 - 0.8555i$, $s_4 = -0.41$

（3）$G(s) = \dfrac{31.6}{s(0.01s+1)(0.1s+1)}$，要求：

① 作波特图。

② 由稳定裕度命令计算系统的稳定裕度 L_g 和 γ_c，并确定系统的稳定性。

③ 在图上作近似折线，与原准确特性相比。

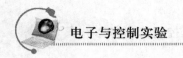

解：

作波特图，如图 5-4-2 所示。

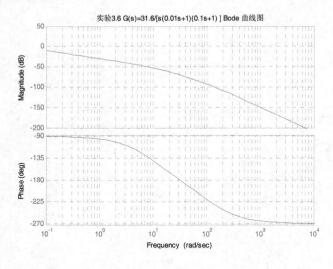

图 5-4-2

```
G=zpk([],[0 -100 -10],31.6);bode(G);grid on;
    title('实验3.6 G(s)=31.6/[s(0.01s+1)(0.1s+1) ] Bode 曲线图');
```

计算系统的稳定裕度 L_g 和 γ_c。

```
G=zpk([],[0 -100 -10],31.6);margin(G);grid on;
```

由图 5-4-3 可得系统的稳定裕度 L_g =70.8dB， γ_c =89.8。

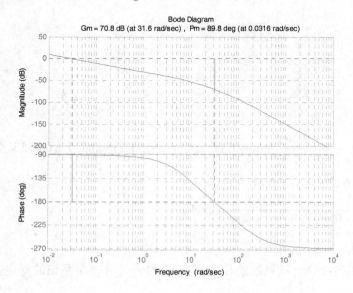

图 5-4-3

（4）已知系统结构如图 5-4-4 所示。

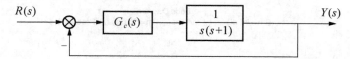

$$R(s) \quad \bigotimes \quad G_c(s) \quad \frac{1}{s(s+1)} \quad Y(s)$$

图 5-4-4

其中，（1）$G_c(s) = 1$，（2）$G_c(s) = \dfrac{1}{s(s+1)}$。

要求：

① 作波特图，并将曲线保持进行比较，如图 5-4-5 所示。

② 分别计算两个系统的稳定裕度值，然后进行性能比较。

解：

① 编写 MATLAB 计算程序。

```
Gc1=tf([1],[1]);Gc2=tf([1],[1 1 0]);G=tf([1],[1 1 0]);G11=series(Gc1,G);G22=
series(Gc2,G);
    sys1=feedback(G11,1,-1);sys2=feedback(G22,1,-1);
    bode(sys1,sys2);
    grid on;title('波特图曲线比较');
```

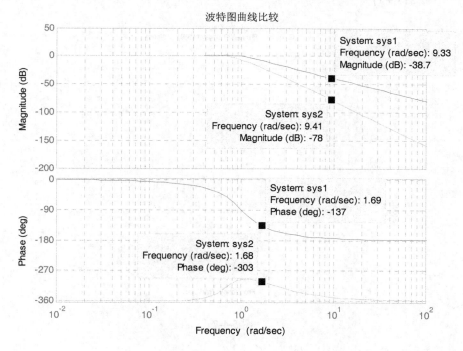

图 5-4-5

② 当 $G_c(s) = 1$ 时，系统的波特图如图 5-4-6 所示。

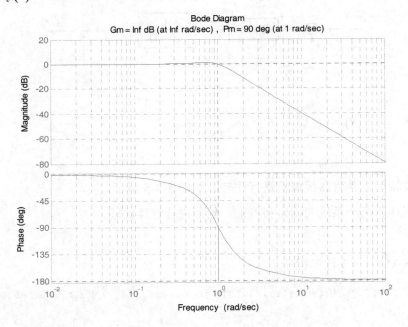

图 5-4-6

当 $G_c(s) = \dfrac{1}{s(s+1)}$ 时，系统的波特图如图 5-4-7 所示。

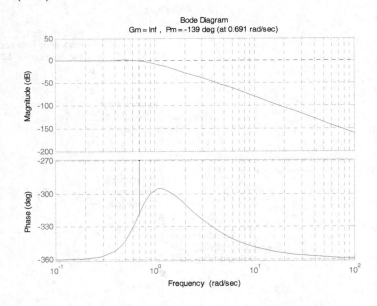

图 5-4-7

当 $G_c(s) = 1$ 时， $\gamma_c = 90°$ ，当 $G_c(s) = \dfrac{1}{s(s+1)}$ 时， $\gamma_c = 130°$ 。

第6章　机电传动控制实验

一、实验设备及其操作说明

机电传动控制实验所用设备为机电传动控制综合实验平台，平台由电源、控制面板、可更换挂件等部分构成，可通过更换挂件来完成不同的实验项目，设备及安全操作规程如下。

1. 实验电源管理器操作说明

定时器与报警记录仪是为帮助实验指导教师更好地管理学生、便于教学而设置的。实验指导教师可以设定时间，到定时时间能自动断开电源，保证考核时间的正确性，又可记录操作过程中的误操作次数和报警提示，以考查学生的实验质量。另外，还设置了密码通电功能，限制学生私自通电操作，面板还有一个标准时间显示，实验指导教师可以随意调整该时间，该时间信息在装置断电后也不会遗失。

报警器的功能有电路漏电报警、高压电源过载报警、定时报警三部分，记录显示的次数即以上三项报警次数的累加。

功能操作：

（1）密码输入。密码输入（初始密码：123）正确时装置才能开机；否则，不能开机。按功能键，面板最右边显示"1"；按确认键，面板右边显示三位"1"；按数位键，面板左边位闪烁；按数据键，进行加数调整；再按数位键，使数字移位并闪烁，最后按数据键调整。如此反复，直至密码正确，再按确认键，实验台自动上电，面板返回时钟状态。

（2）定时设置。按功能键，使面板最右边位为"2"，如要调整定时时间，可按确认键后，按数位键低位闪烁，按数据键进行调整，再按数位键进行移位。如此反复，直至最高位。如不正确，可反复按数位键进行移位，按数据键调整数据直至最高位，再按确认键，系统返回时钟状态。

（3）时钟设置。能修改面板标准时间；标准时间一般为北京时间，可根据实验指导教

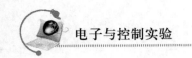

师需要自行调整；按功能键，使面板最右边显示"3"；按确认键，使低位闪烁；按数据键进行数据上升调整，再按数位键进行移位，最后按数据键调整。如此反复，直到调整到面板左边最高位。如正确，可按确认键，返回时钟状态。

（4）定时查看。按功能键，使面板最右边显示"4"；按确认键，即可查看定时设置的时间；再按确认键，返回时钟状态。

（5）报警查看。查看报警次数；按功能键，使面板最右边显示"5"；按确认键，使面板右边显示两位数据，最高位为"99"；再按确认键，返回时钟状态。

（6）密码修改。修改系统密码；按功能键，使面板最右边显示"6"，按确认键。若需要新输入密码，则按确认键。此时，面板右边显示三位"0"，按数位键，使之高位闪烁，按数据键调整，再按数位键，使之移位闪烁。反复操作，直至最右位，按确认键，系统返回时钟状态。

（7）报警复位。擦除报警记录；按功能键，使面板最右边显示"7"，按确认键，擦除报警记录，并返回时钟状态。

（8）查看密码。该功能是为了防止操作者忘记密码；按功能键，使面板最右边显示"8"，按确认键，面板右边显示三位系统密码，再按确认键，返回时钟状态。

（9）复位键。按一下复位键，系统复位；需要重新输入密码才可开机。

2. 交流及直流电源操作说明

1）开启三相交流电源的步骤

（1）开启电源前。要检查控制屏下面"直流电动机电源"的"电枢电源"开关（右下方）及"励磁电源"开关（左下方）都处在关断的位置。控制屏左侧端面上安装的调压器旋钮必须在零位，即必须将它从逆时针方向旋转到底。

（2）检查无误后开启"电源总开关"，"停止"按钮指示灯亮，表示实验装置的进线接到电源，但还不能输出电压。此时，在电源输出端进行实验电路接线操作是安全的。

（3）按下"启动"按钮，"启动"按钮指示灯亮，表示三相交流调压电源输出插孔 U、V、W 及 N 已接通电源。实验电路所需不同大小的交流电压都可通过适当旋转调压器旋钮，用导线从三相四线制插孔中获得。输出线电压为 0～450V（可调）并由控制屏上方的三只交流电压表指示。当电压表下面左边的"指示切换"开关拨向"三相电网电压"时，它指示三相电网进线的相电压；当"指示切换"开关拨向"三相调压电压"时，它指示三相四线制插孔 U、V、W 和 N 输出端的相电压。

（4）实验中如果需要改接线路，必须按下"停止"按钮以切断交流电源，保证实验操作安全。实验完毕，还须关断"电源总开关"，并将控制屏左侧端面上安装的调压器旋钮调回到零位。将"直流电动机电源"的"电枢电源"开关及"励磁电源"开关拨回到关断位置。

2）开启直流电动机电源的操作

（1）直流电源是由交流电源变换而来的，开启"直流电动机电源"前，必须先开启交流电源，开启"电源总开关"并按下"启动"按钮。

（2）然后，接通"励磁电源"开关，可获得约为 220V、0.5A 不可调的直流电源输出。接通"电枢电源"开关，可获得 0～250V、3A 可调的直流电源输出。实验中"电枢电源"调节有滞后性，调到目标电压值附近时，应该缓慢调节。

（3）"励磁电源"与"电枢电源"可独立使用，励磁电源电压及电枢电源电压都可由控制屏下方的一只直流电压表指示。当将该电压表下方的"指示切换"开关拨向"电枢电压"时，指示电枢电源电压；当将它拨向"励磁电压"时，指示励磁电源电压。

（4）在做直流电动机实验时，要注意开机时须先开"励磁电源"后开"电枢电源"；在关机时，则先关"电枢电源"后关"励磁电源"。同时，要注意在电枢电路中串联电阻以防止电源过流，其操作要严格遵照实验指导书中有关内容的说明。

3. 可调电阻器（也称变阻器）的接线与保护

装置中用到的三相可调电阻器分为 90Ω 和 900Ω 两种，每相有两个电阻，每个电阻可调范围为 0～900Ω（或 0～90Ω），允许电流为 0.4A（或 1.3A）。两个电阻作为可变电阻使用时，有串联和并联两种接法。

串联：A3 接线柱不用，A1 与 A2 两个接线柱之间电阻的可调范围为 0～2×90Ω。

并联：将 A1 和 A2 短接，A1 和 A3 之间两个接线柱之间电阻的可调范围为 0～45Ω。

由于实验的需要，变阻器除了做可变电阻使用，还可采用电位器接法做分压器使用。例如，他励直流电动机励磁电压调节就是采用电位器接法。做分压器时可以单独使用，也可以并联使用。

对变阻器的保护很重要。例如，旋钮手柄调到最大或最小位置附近时，不要用力过大，否则可能使接触碳刷超位，损坏变阻器；在变阻器的使用中，一定要保证流过变阻器的电流小于它的额定值，否则将烧断电阻丝。

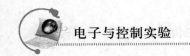

二、实验设备的安全操作规程

为了按时完成电动机及电气技术实验，确保实验时的人身安全与设备安全，务必严格遵守如下安全操作规程：

（1）实验时，人体不可接触带电线路。

（2）接线或拆线都必须在切断电源的情况下进行。

（3）学生独立完成接线或改接线路后必须经实验指导教师检查和允许，并使组内其他同学引起注意后方可接通电源。实验中如发生事故，应立即切断电源，查清问题和妥善处理故障后，才能继续进行实验。

（4）总电源或实验台控制屏上的电源接通应由实验指导教师来控制，其他人只能在指导教师允许后方可操作，不得自行合闸。

三、实验的基本要求

机电传动控制实验课的目的在于培养学生掌握基本的实验方法与操作步骤。培养学生学会根据实验目的、实验内容及实验设备拟定实验线路，选择所需仪表，确定实验步骤，测定所需数据，进行分析研究，得出必要结论，从而完成实验报告。在整个实验过程中，必须集中精力，及时认真做好实验。对实验过程提出下列基本要求。

1. 实验前的准备

实验前应复习教材中有关的章节，认真研读实验指导书，了解实验目的、项目、方法及步骤，明确实验过程中应注意的问题，并按照实验项目准备记录抄表等。

实验前应写好预习报告，经指导教师检查确认已做好实验前的准备，方可开始做实验。

认真做好实验前的准备工作，对于培养学生独立工作能力、提高实验质量和保护实验设备十分重要。

2. 实验的进行

1）建立小组，合理分工

每次实验都以小组为单位进行，每组由3～4人组成。实验进行中的接线、调节负载、保持电压或电流、记录数据等工作每人应有明确的分工，以保证实验操作协调，数据记录准确可靠。

2）选择实验设备（组件和仪表）

实验前先熟悉该次实验所用的组件，记录电动机铭牌和选择仪表量程，然后依次排列组件和仪表便于测取数据。

3）按图接线

根据实验线路图及所需要的组件和仪表按图接线，线路力求简单明了，按接线原则先串联主回路，再接并联支路。为方便查找线路，每路可用相同颜色的导线或插头。

4）启动电动机，观察仪表

在正式实验开始之前，先熟悉仪表刻度，并记录下倍率，然后按一定规范启动电动机，观察所有仪表是否正常（如指针正、反向是否超满量程等）。如果出现异常情况，应立即切断电源，并排除故障；如果一切正常，就可正式开始实验。

5）测取数据

预习时对电动机的实验方法及所测数据的大小做到心中有数。正式实验时，根据实验步骤逐次测取数据。

6）认真负责，实验有始有终

实验完毕，须将数据交给实验指导教师审阅。经实验指导教师认可后，方可拆线，并把实验所有组件、导线及仪器等物品整理好。

3. 实验报告

实验报告是根据实测数据和实验中观察和发现的问题，经过自己分析研究或分析讨论后写出的心得体会。

实验报告要简明扼要、字迹清楚、图表整洁、结论明确。

实验报告包括以下内容：

（1）实验名称、专业班级、学号、姓名、实验日期等。

（2）列出实验中所用组件的名称、编号及电动机铭牌数据等。

（3）列出实验项目并绘出实验所用的线路，注明仪表量程、电阻器阻值和电源端编号等。

（4）数据的整理和计算。

（5）按记录及计算的数据用坐标纸画出曲线，图纸尺寸不小于 8cm×8cm，曲线要用曲线尺或曲线板连成光滑曲线，不在曲线上的点仍按实际数据标出。

（6）根据数据和曲线进行计算和分析，说明实验结果与理论是否符合，可对某些问题提出一些自己的见解并写出结论。实验报告应写在一定规格的报告纸上，保持整洁。

（7）每次实验每人独立完成一份报告，按时送交实验指导教师批阅。

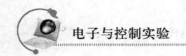
实验一　直流电动机的机械特性

一、实验目的

（1）学习机电传动控制实验的基本要求与安全操作注意事项。

（2）熟悉他励直流电动机的接线、启动、反转、调速与制动的方法。

二、预习要点

（1）什么是直流电动机的机械特性？

（2）直流电动机调速原理是什么？

三、实验项目

（1）他励直流电动机的启动。

（2）他励直流电动机的反转。

（3）他励直流电动机的调速特性。

四、实验设备

（1）实验设备的型号、名称和数量见表 6-1-1。

表 6-1-1

序号	型　号	名　　称	数　量
1	DQ03-1	导轨、旋转编码器及数显式转速表	1 套
2	DQ19	校正直流测功机	1 台
3	DQ09	直流并励电动机	1 台
4	DQ22	直流数字电压表、直流数字电流表	2 件
5	DQ27	三相可调电阻器	1 件
6	DQ29	可调电阻器、电容器	1 件

（2）显示屏上的实验设备排列顺序。

DQ-22、DQ27、DQ31、DQ22、DQ29

五、实验步骤

1. 他励直流电动机的启动

（1）按图 6-1-1 接线。校正直流测功机 MG 按他励发电机连接，在本实验中作为他励直流电动机 M 的负载，用于测量电动机的转矩和输出功率。对 R_{f1} 选用 DQ29 型电阻值为 900Ω 的电阻，按分压法接线。对 R_{f2} 选用 DQ27 型电阻值为 900Ω 的电阻，再串联一个 900Ω 的电阻，总电阻值为 1800Ω。对 R_1 选用 DQ29 型电阻值为 180Ω 的电阻。对 R_2 选用 DQ27 型电阻值为 900Ω 的电阻，串联一个 900Ω 的电阻，再并联一个 900Ω 的电阻，总电阻值为 2250Ω。

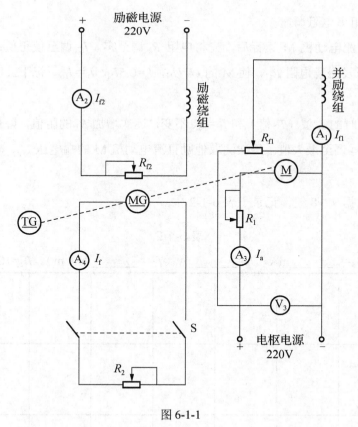

图 6-1-1

（2）将他励直流电动机 M 的磁场调节电阻 R_{f1} 调至最小值，电枢串联电阻 R_1 调至最大值，接通控制屏下边右方的电枢电源开关，启动他励直流电动机 M。

（3）他励直流电动机 M 正常启动后，先将其电枢串联电阻 R_1 调至零，调节电枢电源的电压，使之为 220V，调节校正直流测功机的励磁电流 I_{f2}，使之为校正值（100 mA）；再调节其负载电阻 R_2 和他励直流电动机 M 的磁场调节电阻 R_{f1}，使他励直流电动机 M 的以下 3 个参数达到额定值：$U=U_N$，$I=I_N$，$n=n_N$。此时，他励直流电动机 M 的励磁电流 I_f 即为额定励磁电流 I_{fN}。

2. 他励直流电动机的反转

（1）将电枢绕组的连接线对调，观察他励直流电动机转向的变化。

（2）将励磁绕组的连接线对调，观察他励直流电动机转向的变化。

（3）总结直流电动机反转的条件。

3. 调速特性

1）电枢绕组串电阻调速

（1）他励直流电动机 M 运行后，先将电阻 R_1 调至零，I_{f2} 调至校正值；再调节负载电阻 R_2、电枢电压及磁场电阻 R_{f1}，使 M 的 $U=U_N$，$I_a=0.5I_N$，$I_f=I_{fN}$，记下此时校正直流测功机 MG 的 I_F 值。

（2）保持此时的 I_F 值（T_2 值）和 $I_f=I_{fN}$ 不变，逐次增加 R_1 的阻值，降低电枢两端的电压 U_a，使 R_1 从零调至最大值。每次测取他励直流电动机 M 的端电压 U_a、转速 n 和电枢电流 I_a。

（3）选取数据 7～8 组，记录于表 6-1-2 中。

表 6-1-2

$I_f=I_{fN}=$＿＿＿＿mA，$I_F=$＿＿＿＿A（$T_2=$＿＿＿＿N・m），$I_{f2}=100$mA

U_a/V							
n/（r/min）							
I_a/mA							

2）改变励磁电流的调速

（1）他励直流电动机 M 运行后，先将他励直流电动机 M 的电枢串联电阻 R_1 和磁场调节电阻 R_{f1} 调至零，将 MG 的磁场调节电阻 R_{f2} 调至校正值；再调节他励直流电动机 M 的电枢电源调压旋钮和 MG 的负载，使 M 的 $U=U_N$，$I_a=0.5I_N$，记下此时的 I_F 值。

（2）保持此时 MG 的 I_F 值（T_2 值）和 M 的 $U=U_N$ 不变，逐次增加磁场电阻阻值；每次测取电动机的 n、I_f 和 I_a，选取 7~8 组记录于表 6-1-3 中。

表 6-1-3

$U=U_N=\underline{\qquad}$ V，$I_F=\underline{\qquad}$ A（$T_2=\underline{\qquad}$ N·m），$I_{f2}=100\text{mA}$

$n/$（r/min）							
I_f/mA							
I_a/mA							

六、思考题

（1）当他励直流电动机的负载转矩和励磁电流不变时，减小电枢端电压，为什么会引起电动机转速降低？

（2）当他励直流电动机的负载转矩和电枢端电压不变时，减小励磁电流会引起转速升高，为什么？

（3）并励电动机在负载运行中，当磁场回路断线时是否一定会出现"飞车"？为什么？

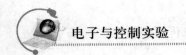

实验二　三相异步电动机的机械特性

一、实验目的

（1）了解三相异步电动机的基本结构和工作原理。

（2）掌握三相异步电动机的启动、调速和反转的方法。

二、预习要点

（1）预习三相异步电动机的启动方法和启动技术指标。

（2）预习三相异步电动机的调速方法。

三、实验项目

（1）异步电动机的直接启动。

（2）异步电动机的星形-三角形（Y-△）降压启动。

（3）异步电动机的调速。

（4）异步电动机的反转。

四、实验设备

（1）实验设备型号、名称和数量见表 6-2-1。

表 6-2-1

序　号	型　号	名　　称	数　量
1	DQ03-1	导轨、旋转编码器及数显式转速表	1 件
2	DQ10	三相鼠笼式异步电动机	1 件
3	DQ11	三相线绕式异步电动机	1 件
4	DQ19	校正直流测功机	1 件

序　号	型　号	名　　　称	数　量
5	DQ22	直流电压表、直流电流表	2 件
6	DQ44	交流电流表	1 件
7	DQ45	交流电压表	1 件
8	DQ28	三相可调电抗器	1 件
9	DQ31	波形测试及开关板	1 件
10	GDQ12	启动与调速电阻箱	1 件

（2）显示屏上的实验设备排列顺序。

DQ45、DQ44、DQ31、DQ22、DQ28

五、实验步骤

1. 三相鼠笼式异步电动机的直接启动

（1）按图 6-2-1 接线。三相鼠笼式异步电动机绕组为△形接法。该电动机直接与旋转编码器同轴连接，不连接负载电动机 DQ19，即校正直流测功机。

（2）把交流调压器退到零位挡，按下"开"按钮，接通三相交流电源。

（3）调节调压器，使输出电压达到电动机额定电压 220V，使电动机启动并旋转。

（4）再按下"关"按钮，断开三相交流电源。待电动机停止旋转后，按下"开"按钮，接通三相交流电源，使电动机全压启动，观察电动机启动瞬间的电流值（按指针式电流表偏转的最大位置所对应的读数值定性计量）。

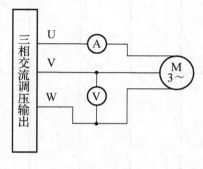

图 6-2-1

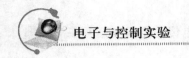

2. 星形-三角形（丫-△）启动

（1）按图 6-2-2 接线，线接好后把调压器退到零位挡。

（2）把三刀双掷开关 S 拨到右边（此时电机绕组为丫形接法），闭合电源开关；然后，逐渐调节调压器，使电压升高到电动机的额定电压 220V，切断电源开关，待电动机停转。

（3）闭合电源开关，观察电动机启动瞬间电流表的显示值，然后把三刀双掷开关 S 拨到左边，使电动机（此时电机绕组为△形接法）正常运行，整个启动过程结束。观察电动机启动瞬间电流表的显示值以便与其他启动方法作定性比较。

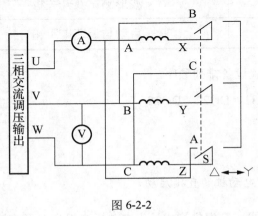

图 6-2-2

3. 三相异步电动机的调速

将三相异步电动机按丫形连接，使其输入电压为额定值。调节输入电压，供电压逐渐降低，观察电动机转速的变化，记录电压值和对应的转速值于表 6-2-2 中。

表 6-2-2

U/V									
$n/(r/min)$									

4. 三相异步电动机的反转

将三相异步电动机按丫形连接，使其输入电压为额定值，通过转换开关将电源的两相互换，观察电动机的运行情况及电流变化情况。

六、思考题

（1）比较三相异步电动机不同启动方法的优缺点。

（2）三相异步电动机的调速方式有哪些？

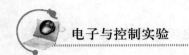

实验三　三相异步电动机的正／反转控制

一、实验目的

（1）通过对三相异步电动机点动控制和自锁控制线路的实际操作，掌握由电气原理图变换成安装接线图所需的知识。

（2）通过实验进一步加深理解点动控制和自锁控制的特点，以及在机床控制中的应用。

（3）掌握正/反转控制线路的接法。

二、实验设备

（1）实验设备的型号、名称和数量见表 6-3-1。

表 6-3-1

序　号	型　号	名　　　称	数　量
1	DQ10	三相鼠笼式异步电动机（△/220V）	1 件
2	DQ39	继电器-接触器控制挂箱（一）	1 件
3	DQ39-1	继电器-接触器控制挂箱（二）	1 件

（2）显示屏上的实验设备排列顺序。

DQ39、DQ39-1

三、实验方法

实验前要检查控制屏左侧端面上的调压器旋钮须在零位，下面"直流电动机电源"的"电枢电源"开关及"励磁电源"开关须在"关"位置。开启"电源总开关"，按下启动按钮，旋转调压器旋钮将三相交流电源输出端 U、V、W 的线电压调到 220V。再按下控制屏上的"关"按钮以切断三相交流电源。

1. 三相异步电动机点动控制线路

按图 6-3-1 接线。图中，SB1、KM1 选用 DQ39 上的元器件，Q1、FU1、FU2、FU3、FU4 选用 DQ39-1 上的元器件，电动机选用 DQ10（△/220V）。接线时，先接主电路，即从 220V 三相交流电源的输出端 U、V、W 开始，经开关 Q1、FU1、FU2、FU3，到接触器 KM1 主触点，最后到电动机 M 的三个接线端 A、B、C，用导线按顺序串联起来。该主电路包括三个支路。主电路经检查无误后，再连接控制电路，从 FU4 插孔 V 开始，经启动按钮 SB1 的常开触点、接触器 KM1 线圈到插孔 W。导线接好后，经实验指导教师检查无误后，按下列步骤进行实验：

（1）按下控制屏上的"开"按钮。

（2）先闭合开关 Q1，再接通 220V 三相交流电源。

（3）按下启动按钮 SB1，对电动机 M 进行点动操作，比较按下启动按钮 SB1 和松开启动按钮 SB1 时电动机 M 的运转情况。

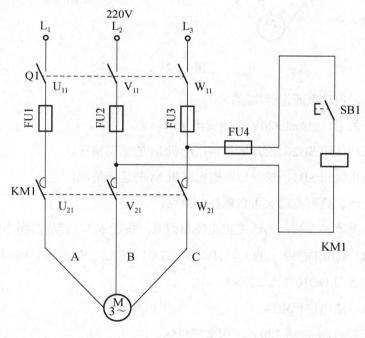

图 6-3-1

2. 三相异步电动机自锁控制线路

按下控制屏上的"关"按钮以切断三相交流电源。按图 6-3-2 接线，图中 SB1、SB2、KM1、FR1 选用 DQ39 上的元器件，Q1、FU1、FU2、FU3、FU4 选用 DQ39-1 上的元器件，电动机选用 DQ10（△/220V）。

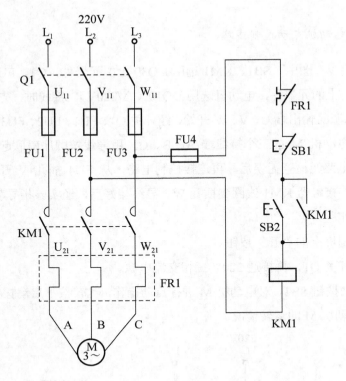

图 6-3-2

检查无误后，启动电源进行实验：

（1）闭合开关 Q1，接通 220V 三相交流电源。

（2）按下启动按钮 SB2，松开后观察电动机 M 的运转情况。

（3）按下停止按钮 SB1，松开后观察电动机 M 的运转情况。

三相异步电动机既可点动又可自锁控制线路：

按下控制屏上"关"按钮切断三相交流电源后，按图 6-3-3 接线。图中，SB1、SB2、SB3、KM1、FR1 选用 DQ39 上的元器件，Q1、FU1、FU2、FU3、FU4 选用 DQ39-1 上的元器件，电动机选用 DQ10（△/220V）。

检查无误后，通电进行实验。

（1）闭合开关 Q1，接通 220V 三相交流电源。

（2）按下启动按钮 SB2，松开后观察电动机 M 是否继续运转。

（3）运转半分钟后按下反接制动按钮 SB3，然后松开，观察电动机 M 是否停转；连续按下和松开 SB3 按钮，观察此时属于什么控制状态。

（4）按下停止按钮 SB1，松开后观察电动机 M 是否停转。

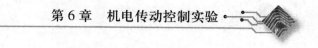

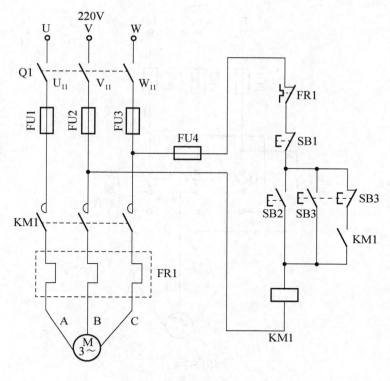

图 6-3-3

3. 三相异步电动机的正/反转控制线路

1）倒顺开关正/反转控制线路

（1）旋转调压器旋钮，将三相调压电源 U、V、W 输出线电压调到 220V，按下"关"按钮，切断交流电源。

（2）按图 6-3-4 接线。图中，Q1（用以模拟倒顺开关）、FU1、FU2、FU3 选用 DQ39-1 上的元器件，电动机选用 DQ10（△/220V）。

（3）启动电源后，把开关 Q1 拨到"左合"位置，观察电动机的转向。

（4）运转半分钟后，把开关 Q1 拨到"断开"位置后，再拨到"右合"位置，观察电动机的转向。

2）接触器联锁正/反转控制线路

（1）按下"关"按钮切断交流电源。按图 6-3-5 接线。图中 SB1、SB2、SB3、KM1、KM2、FR1 选用 DQ39 上的元器件，Q1、FU1、FU2、FU3、FU4 选用 DQ39-1 上的元器件，电动机选用 DQ10（△/220V）。经实验指导教师检查无误后，按下"开"按钮通电操作。

（2）闭合开关 Q1，接通 220V 三相交流电源。

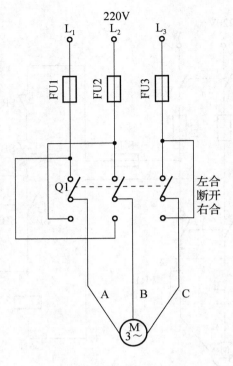

图 6-3-4

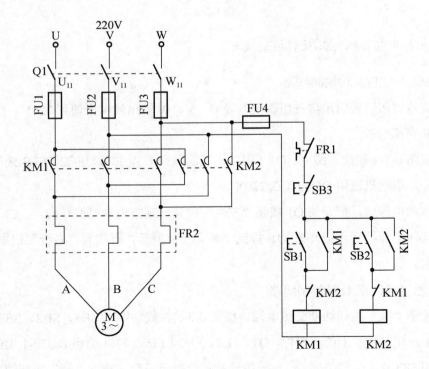

图 6-3-5

（3）按下 SB1 按钮，观察并记录电动机 M 的转向、继电器-接触器自锁和联锁触点的吸合和断开情况。

（4）按下 SB3 按钮，观察并记录电动机 M 运转状态、继电器-接触器各触点的吸合和断开情况。

（5）再按下 SB2 按钮，观察并记录电动机 M 的转向、继电器-接触器自锁和联锁触点的吸合和断开情况。

3）按钮联锁正/反转控制线路

（1）按下"关"按钮切断交流电源，按图 6-3-6 接线。图中 SB1、SB2、SB3、KM1、KM2、FR1 选用 DQ39 上的元器件，Q1、FU1、FU2、FU3、FU4 选用 DQ39-1 上的元器件，电动机选用 DQ10（△/220V）。经检查无误后，按下"开"按钮通电操作。

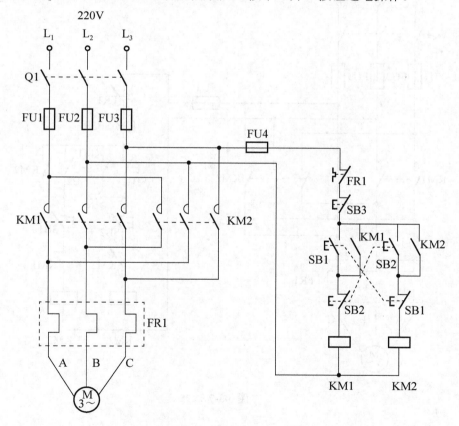

图 6-3-6

（2）闭合开关 Q1，接通 220V 三相交流电源。

（3）按下 SB1 按钮，观察并记录电动机 M 的转向、继电器-接触器各触点的吸合和断开情况。

（4）按下 SB3 按钮，观察并记录电动机 M 的转向、继电器–接触器各触点的吸合和断开情况。

（5）按下 SB2 按钮，观察并记录电动机 M 的转向、继电器–接触器各触点的吸合和断开情况。

4）按钮和继电器–接触器双重联锁正/反转控制线路

（1）按下"关"按钮，切断三相交流电源，然后按图 6-3-7 接线。图中 SB1、SB2、SB3、KM1、KM2、FR1 选用 DQ39 上的元器件，FU1、FU2、FU3、FU4、Q1 选用 DQ39-1 上的元器件，电动机选用 DQ10（△/220V）。经检查无误后，按下"开"按钮。

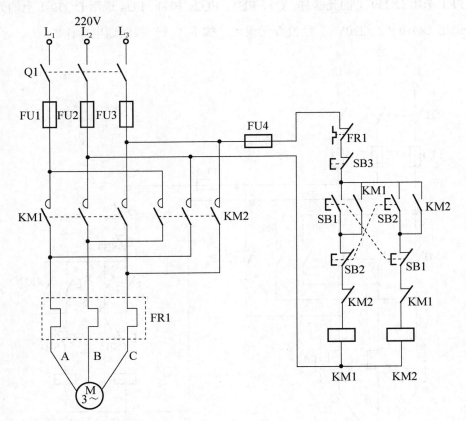

图 6-3-7

（2）闭合开关 Q1，接通 220V 三相交流电源。

（3）按下 SB1 按钮，观察并记录电动机 M 的转向、继电器–接触器各触点的吸合和断开情况。

（4）按下 SB2 按钮，观察并记录电动机 M 的转向、继电器–接触器各触点的吸合和断开情况。

（5）按下 SB3 按钮，观察并记录电动机 M 的转向、继电器–接触器各触点的吸合和断开情况。

四、思考题

什么是点动？什么是自锁？比较图 6-3-1 和图 6-3-2，说明两者在结构和功能上有什么区别。

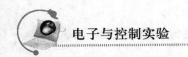

实验四 三相异步电动机的制动控制

一、实验目的

（1）通过对能耗制动控制和反接制动控制两种制动方式的实际接线，了解不同制动方式的特点和适用范围。

（2）充分掌握不同制动方式的原理。

二、实验设备

（1）实验设备的型号、名称和数量见表 6-4-1。

表 6-4-1

序　号	型　号	名　　称	数　量
1	DQ10	三相鼠笼式异步电动机（△/220V）	1 件
2	DQ39	继电器-接触器控制挂箱（一）	1 件
3	DQ39-1	继电器-接触器控制挂箱（二）	1 件
4	DQ39-2	继电器-接触器控制挂箱（三）	1 件

（2）显示屏上的实验设备排列顺序。

DQ39、DQ39-1、DQ39-2

三、实验方法

1. 三相异步电动机的能耗制动控制

开启三相交流电源，将三相输出线电压调至 220V，按下"关"按钮，按图 6-4-1 接线。经检查无误后，按以下步骤通电操作：

（1）启动控制屏，闭合开关 Q1，接通 220V 三相交流电源。

（2）调节时间继电器，使延时时间为 5s。

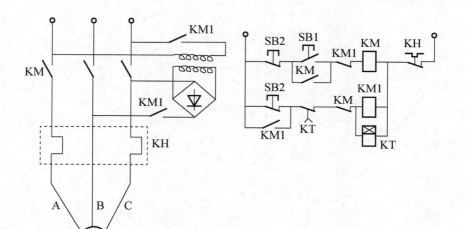

图 6-4-1

（3）按下启动按钮 SB1，使电动机 M 启动并运转。

（4）待电动机运转稳定后，按下停止按钮 SB2，观察并记录电动机 M 从按下启动按钮 SB1 起至电动机停止旋转的能耗制动时间。

2. 反接制动控制

设计出利用时间继电器控制的反接制动控制回路，要求如下：

（1）自然停车。按下启动按钮 SB1，正转启动；待电动机转速稳定后，按下停止按钮 SB2，电动机自然停车，记录自然停车所用时间。

（2）反接制动。按下启动按钮 SB1，正转启动；待电动机转速稳定后，按下反接制动按钮 SB3，记录停车制动所用时间。调整时间继电器的延时时间，使电动机转速降为零时结束制动过程。

四、思考题

（1）反接制动和能耗制动的制动原理各有什么特点？两者适用于哪些场合？

（2）时间继电器在反接制动中起什么作用？